版式设计与实训

／ Format Design and Practice Training

21 世纪全国高职高专美术·艺术设计专业"十四五"精品课程规划教材

The"14th Five-Year Plan"Excellent Curriculum Textbooks for the Major of

Fine Arts and Art Design

in Higher Vocational Colleges and Junior Colleges
in the 21st Century

编著 吴烨

辽宁美术出版社

Liaoning Fine Arts Publishing House

图书在版编目（CIP）数据

版式设计与实训 / 吴烨编著． — 沈阳 ：辽宁美术出版社，2022.1（2024.7重印）

21世纪全国高职高专美术·艺术设计专业"十四五"精品课程规划教材

ISBN 978-7-5314-9169-9

Ⅰ．①版… Ⅱ．①吴… Ⅲ．①版式－设计－高等职业教育－教材 Ⅳ．①TS881

中国版本图书馆CIP数据核字（2022）第001772号

21世纪全国高职高专美术·艺术设计专业
"十四五"精品课程规划教材

总 主 编　彭伟哲
副总主编　时祥选　孙郡阳
总 编 审　苍晓东　童迎强

编辑工作委员会主任　彭伟哲
编辑工作委员会副主任　童迎强　林 枫　王 楠
编辑工作委员会委员

苍晓东　郝 刚　王艺潼　于敏悦　陈静思　杨贺帆
张 法　贾丽萍　孙雨薇　宁子铭　洪 晨　张佳雨
田予诗　宋 健　潘 阔　郭 丹　顾 博　罗 楠
严 赫
编 务

范宁轩　王 东　高 焱　王子怡　陈 燕　刘振宝
史书楠　展吉喆　高桂林　周凤岐　任泰元　邵 楠
曹 焱　温晓天

印制总监

徐 杰　霍 磊

出版发行　辽宁美术出版社

经　　销　全国新华书店

地　　址　沈阳市和平区民族北街29号　邮编：110001

邮　　箱　lnmscbs@163.com

网　　址　http://www.lnmscbs.cn

电　　话　024-23404603

封面设计　彭伟哲　王艺潼　孙雨薇
版式设计　彭伟哲　薛冰焰　吴 烨　高 桐

印　　刷

沈阳绿洲印刷有限公司

责任编辑　童迎强
责任校对　郝 刚
版　　次　2022年1月第1版　2024年7月第3次印刷
开　　本　889mm×1194mm　1/16
印　　张　8.5
字　　数　230千字
书　　号　ISBN 978-7-5314-9169-9
定　　价　59.00元

图书如有印装质量问题请与出版部联系调换
出版部电话　024-23835227

序 >>

　　当我们把美术院校所进行的美术教育当作当代文化景观的一部分时，就不难发现，美术教育如果也能呈现或继续保持良性发展的话，则非要"约束"和"开放"并行不可。所谓约束，指的是从经典出发再造经典，而不是一味地兼收并蓄；开放，则意味着学习研究所必须具备的眼界和姿态。这看似矛盾的两面，其实一起推动着我们的美术教育向着良性和深入演化发展。这里，我们所说的美术教育其实有两个方面的含义：其一，技能的承袭和创造，这可以说是我国现有的教育体制和教学内容的主要部分；其二，则是建立在美学意义上对所谓艺术人生的把握和度量，在学习艺术的规律性技能的同时获得思维的解放，在思维解放的同时求得空前的创造力。由于众所周知的原因，我们的教育往往以前者为主，这并没有错，只是我们需要做的一方面是将技能性课程进行系统化、当代化的转换；另一方面，需要将艺术思维、设计理念等这些由"虚"而"实"体现艺术教育的精髓的东西，融入我们的日常教学和艺术体验之中。

　　在本套丛书出版以前，出于对美术教育和学生负责的考虑，我们做了一些调查，从中发现，那些内容简单、资料匮乏的图书与少量新颖但专业却难成系统的图书共同占据了学生的阅读视野。而且有意思的是，同一个教师在同一个专业所上的同一门课中，所选用的教材也是五花八门、良莠不齐，由于教师的教学意图难以通过书面教材得以彻底贯彻，因而直接影响教学质量。

　　在中国共产党第二十次全国代表大会上，习近平总书记在大会报告中指出"教育、科技、人才是全面建设社会主义现代化国家的基础性、战略性支撑……我们要办好人民满意的教育，全面贯彻党的教育方针，落实立德树人根本任务，培养德智体美劳全面发展的社会主义建设者和接班人，加快建设高质量教育体系，发展素质教育，促进教育公平。"党的二十大更加突出了科教兴国在社会主义现代化建设全局中的重要地位，强调了"坚持教育优先"的发展战略。正是在国家对教育空前重视的背景下，在当前优质美术专业教材匮乏的情况下，我们以党的二十大对教育的新战略、新要求为指导，在坚持遵循中国传统基础教育与内涵和训练好扎实绘画（当然也包括设计、摄影）基本功的同时，借鉴国内外先进、科学并且灵活的教学方法、教学理念以及对专业学科深入而精微的研究态度，努力构建高质量美术教育体系，辽宁美术出版社会同全国各院校组织专家学者和富有教学经验的精英教师联合编撰出版了美术专业配套教材。教材是无度当中的"度"，也是各位专家多年艺术实践和教学经验所凝聚而成的"闪光点"，从这个"点"出发，相信受益者可以到达他们想要抵达的地方。规范性、专业性、前瞻性的教材能起到指路的作用，能使使用者不浪费精力，直取所需要的艺术核心。从这个意义上说，这套教材在国内还是具有填补空白的意义。

目录 contents

第一章 传承

本章重点 》

第三节是本章学习重点，在学习前人的设计方法后，请学生体会自己设计实践的经历并在课堂上分小组讨论，发表具有自己独特见解的设计感悟。

学习目标 》

了解版式的源流。通过课堂讨论了解版式设计在平面设计知识体系中的地位。提升学生对版式设计方法的理解。

建议学时 》

6学时。

第一章　传承

第一节 ///// 版式的源流

一、文字、版式起源

1. 汉字、版式的历史

　　汉字已经有了近6000年的历史。文字是人类传达感情、表达思想的工具。记录语言的图形符号是世界上最古老的文字，除了中国文字外，还有苏美人、巴比伦人的楔形文字、埃及人的圣书文字和中美洲的玛雅文字，这些文字造就了古文明的历史成就。中国文字的主要发展历史，包括甲骨文、金文、大篆、小篆、隶书、草书、行书、楷书、老宋等。书籍形式发展经历了卷轴装、经折装、旋风装、蝴蝶装、包背装、线装的演变。

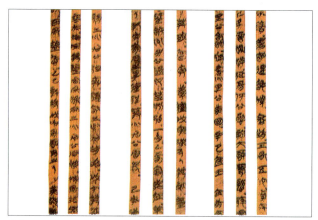
简策

帛书

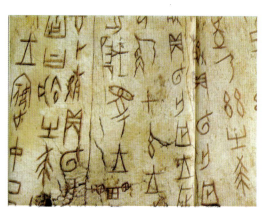
甲骨文

石刻

中国古典书籍形式 卷轴装

中国古典书籍形式　经折装

中国古典书籍形式　旋风装

中国古典书籍形式　蝴蝶装

中国古典书籍形式　包背装

中国古典书籍形式　线装

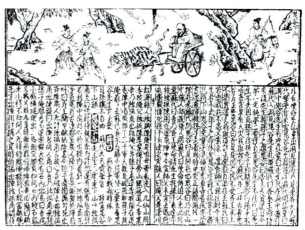

中国古典版式

2.拉丁文字起源

拉丁字母起源于图画，它的祖先是复杂的埃及象形字。大约6000年前在古埃及的西奈半岛产生了每个单词有一个图画的象形文字。经过了腓尼基亚的子音字母到希腊的表音字母，这时的文字是从右向左写的，左右倒转的字母也很多。最后罗马字母继承了希腊字母的一个变种，并把它拉近到今天的拉丁字母，从这里开始了拉丁字母历史有现实意义的第一页。

当时的腓尼基亚人对祖先的30个符号加以归纳整理，合并为22个简略的形体。后来，腓尼基亚人的22个字母传到了爱琴海岸，被希腊人所利用。公元前1世纪，罗马实行共和时，改变了直线形的希腊字体，采用了拉丁人的风格明快、带夸张圆形的23个字母。最后，古罗马帝国为了控制欧洲，强化语言文字沟通形式一致，也为了适应欧洲各民族的语言需要，由I派生出J，由V派生出U和W，遂完成了26个拉丁字母，形成了完整的拉丁文字系统。

罗马字母时代最重要的是公元1到2世纪与古罗马建筑同时产生的在凯旋门、胜利柱和出土石碑上的严正典雅、匀称美观和完全成熟了的罗马大写体。文艺复兴时期的艺术家们称赞它是理想的古典形式，并把它作为

古埃及的象形文字

中世纪的手抄本之一

中世纪的手抄本之二

学习古典大写字母的范体。它的特征是字脚的形状与纪念柱的柱头相似，与柱身十分和谐，字母的宽窄比例适当美观，构成了罗马大写体完美的整体。

西方历史上有记载的版面形式出现在古巴比伦，约公元前3000年。两河流域的苏美尔人最先创造了原始版面的形式。

二、印刷时代

1.古腾堡时期

时间：约1450年—约1500年。

在金属活字印刷技术的发明之前，西方的平面设计主要依赖于手抄本和木版印刷。手抄本的设计特点主要是：广泛采用插图和广泛进行书籍、字体的装饰，注重大写字母特别是首字母的装饰，风格华丽；注重插图的设计，采用的插图与文章内容密切相关，对于插图边框讲究装饰。木版印刷是西方在掌握了中国的造纸和印刷技术之后才开始盛行的。

15世纪前后，由于经济和文化的迅速发展，手抄本和木版印刷都已经无法满足社会对于书籍的越来越大的需求，因此西方各国都设法发明新的、效率高的印刷方法。约在1439年到1440年期间，古腾堡已经开始研究印刷技术了。他采用铅为材料造字模，利用金属字模进

中世纪的手抄本之三

中世纪的手抄本之四

行印刷。他用了十多年时间，才印出他的第一本完整的书，称之为《三十一行书信集》，是西方最早的活字印刷品。古腾堡对于金属活字及金属活字印刷的发明，使具有现代意义的"排版"印刷取代旧式的木版印刷成为可能，为催生真正意义上的"版面设计"清除了技术障碍，从而拉开了西方平面设计大发展的序幕。

2.文艺复兴时期

时间：约14世纪—约16世纪上半叶。

文艺复兴标志着从中世纪到现代时期的过渡。从文

学、艺术的特点来看，是把古罗马、古希腊的风格加以发挥，达到淋漓尽致的地步。随着古典艺术、建筑及人文主义复兴，涌现出了如达·芬奇、米开朗琪罗等著名的艺术大师，对于平面设计而言，更多的是反映在书籍插图上，从而大大地扩展了读者的视野和想象的空间。

文艺复兴时期的平面设计，最显著的一个特色是对于花卉图案装饰的喜爱。书籍中大量采用花卉、卷草图案装饰，文字外部全部用这类图案环绕。显得非常典雅和浪漫。无论是在字体设计上还是在版面设计上，都讲究工整、简洁，首字母装饰是主要的装饰因素，往往采用卷草环绕首字母，使整体设计具有工整中有变化的特点。版面布局崇尚对称的古典风格。

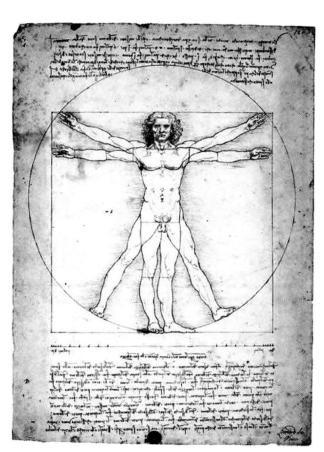

达·芬奇为数学家帕西欧里的《神奇的比例》一书中所做的插图

意大利文艺复兴时期，印刷和平面设计的重要代表人物阿杜斯·玛努提斯于1501年首创 "口袋书"的袖珍尺寸书籍（罗马诗人维吉尔的作品《歌剧》），开创了日后称为"口袋书"的先河。该书全部采用斜体字体印刷，这是世界上第一本全部采用斜体印刷的书籍。

三、后印刷时代

平面设计经过文艺复兴时期有声有色的发展之后，在整个17世纪显得比较沉寂。除了世界上第一张报纸《阿维沙关系报》日报于1609年在德国的奥格斯堡问世这一重要的突破之外，其他就较少巨大的成就。但是18世纪的情况就大不一样了，巴洛克、洛可可等相继给沉寂了许久的平面设计带来了全新的发展。

1.巴洛克风格

时间：约1550年—约1760年。

巴洛克风格总的来说，是一种过分强调雕琢和装饰奇异的艺术和建筑风格，倾向于豪华、浮夸，并将建筑、绘画、雕塑结合成一个整体，追求动势的起伏，以求造成幻象的建筑形式。巴洛克风格酷爱曲线和斜线，剧烈扭转，做壮观的游戏，展示一切可以造成人们惊奇赞叹的东西。巴洛克风格的平面设计，追求的是严肃、高贵、丰富、高雅，其特征是采用大胆的曲线结构、繁杂的装饰和无联系部分间的整体平衡，版面布局比较讲究对称，色彩设计强烈。

2.洛可可风格

时间：约1720年—约1770年。

洛可可风格是一种紧跟巴洛克风格之后起源于18世纪欧洲的艺术风格，它是精心刻意地用大量的涡卷形字体、树叶及动物形体点缀装饰的艺术风格，尤其是在建筑和装饰艺术领域，因过度装饰而造成表现形式过分讲究，具有矫饰的优雅之感。

洛可可风格的平面设计，强调浪漫情调，大量采用

"C"形和"S"形曲线纹样作为装饰手段，色彩上比较柔和，广泛采用淡雅的色彩设计，比如粉红、粉蓝、粉绿等，也大量采用金色和象牙白色，版面布局往往采用非对称（均衡）的排列方法，字体也时常采用花哨的书体，花体字成为书籍封面和扉页上最常用的字体。版面华丽，给人以浮华纤巧、温柔典雅之感。

3."现代"版面的雏形

随着时间的推移，平面设计界和印刷出版界以及广大读者对弥漫已久的矫饰的"洛可可风格"越来越感到厌倦，渴望创造出一种新的设计风格来取代矫揉造作的洛可可风格。意大利人波多尼成为肩负起这个时代责任的设计家，他创造出的"现代"体系以及对"现代"版面的探索影响到后来的平面设计的发展。

所谓"现代"体系，是依托罗马体发展出来的一个新的具有系列字体的体系，被视为新罗马体。这种字体体系的特点是：非常清晰典雅，又较之古典的罗马体具有更良好的传达功能。

4.工业革命

时间：约 1760 年—约 1840 年。

古罗马花草图案装饰的罗马体字母 X

古罗马花草图案装饰的罗马体字母 A

古罗马花草图案装饰的罗马体字母 D

古罗马花草图案装饰的罗马体字母 Z

古罗马花草图案装饰的罗马体字母 Q

随着生产力和社会总收入的急剧提高，巨大的社会需求直接促进了平面设计的大发展：产品自身需要设计、产品包装需要设计、产品广告需要设计、大量的出版物需要设计。因此可以说，现代平面设计是工业革命的直接后果。工业化大生产为手工业制作时代画上了句号，从而导致各行各业的日益精细的劳动分工，当然也包括平面设计——字体设计、版面设计、印刷加工等各个环节走上了专业化分工的道路。从平面设计角度来看，工业革命除了促进了专业化分工之外，在这个时期里摄影技术和彩色石版印刷技术的发明，更是极大地推动了平面设计的快速发展。

（1）欧美字体设计大爆炸

英文字母，原来唯一的功能是阅读性的传达功能，而在商业活动中，字母不再单是组成单词的一个部分，它本身也被要求具有商业象征性，能够以独具个性、特征鲜明、强烈有力的形式起到宣传的形式作用。这种要求自然造成字体设计的大兴盛。在19世纪初叶短短的几十年中，涌现出了无数种新字体。

（2）木刻版海报在商业广告上的广泛应用

木刻海报兴盛于1830年，衰退于1870年。古老的木刻技术之所以在这一时期得到进一步的发展，主要是由于商业海报对于具有精致细节装饰的字体和大尺寸字体的需求所造成的，因为当时的金属铸字技术均难以满足上述字体需求，而造成木刻海报衰退的主要原因有两个方面：一方面是彩色石版印刷的发展，无论是在印刷质量还是在生产便利性方面，均超过了旧式的活字排版印刷方式，自然而然地就取代了木刻活字印刷；另一方面是一些娱乐业的衰落导致海报的需求量骤减造成的。

（3）印刷、排版技术的突破性革命

在印刷技术方面取得突破性革命的是，蒸汽动力印刷机和造纸机的发明及改进，大大降低了印刷成本，使印刷品真正能够服务大众、服务社会。在排版技术方面取得突破性革命的是，机械排版取代了传统手工排版，解决了阻碍印刷速度提高的一大障碍。1830年前后，印刷业开始进入鼎盛时期，各种印刷品如书籍、报纸等大量出版，直接促进了平面设计的发展。

5. 维多利亚时期

时间：1837年—1914年

亚历山大利娜·维多利亚自1837年登基，在位时间长达2/3世纪，这个时期被称为"维多利亚时期"，历史学家往往把维多利亚时期的结束时间定为1914年第一次世界大战爆发时为止。

维多利亚时期的设计，最显著的一个特点就是对中世纪哥特艺术的推崇，与巴洛克风格相似，矫揉造作、烦琐装饰、异国风气占了非常重要的地位，维多利亚时代的设计通常是感情奔放、色彩绚烂，显得豪华瑰丽，具有强烈的视觉冲击力，但略显得轻薄、烦琐，易给人以矫揉造作之感。维多利亚时期往往把欧洲和美国，特别是英语国家亦包括其中，这个时期对于设计的很多重要贡献都是来自美国的。维多利亚时期的上半期，平面设计风格主要在于追求烦琐、华贵、复杂装饰的效果，因此出现了烦琐的"美术字"风气。字体设计为了达到华贵、花哨的效果，广泛使用了类似阴影体、各种装饰体。版面编排上的烦琐、讲究版面布局的对称也是这个时期平面设计的重要特征。

维多利亚时期的下半期，平面设计的烦琐装饰风格，因为金属活字的出现和新的插图制版技术的刺激，达到了登峰造极的地步。字体设计家在软金属材料上直接刻制新的花哨字体，

然后通过电解的方法，制成印刷模版。彩色石版印刷的发明和发展，更是给平面设计的烦琐装饰化带来了几乎无所不能的手段。

6. 工艺美术运动

时间：1864年—约1896年

"工艺美术运动"起源于英国，其背景是工业革命以后的工业化大生产和维多利亚时期的烦琐装饰导致设计

颓败，英国和其他国家的设计师希望通过复兴中世纪的手工艺传统，从哥特艺术、自然形态及日本装饰设计中寻求借鉴，来扭转这种设计状况，从而引发的一场设计领域的国际运动。

这场运动的理论指导是英国美术评论家和作家约翰·拉斯金，主要代表人物是艺术家、诗人威廉·莫里斯，他在1860年前后开设了世界上第一家设计事务所，通过自己具有鲜明"工艺美术"运动风格的设计实践，促进了英国和世界的设计发展。在莫里斯的设计中，广泛采用植物的纹样和自然形态，大量的装饰都有东方式的、特别是日本式的平面装饰特征，以卷草、花卉、鸟类等为装饰动机，展示出新的平面设计风格和特殊的艺术品位。

"工艺美术运动"从英国发起后于19世纪80年代传到其他欧美国家，并影响了几乎所有欧美国家的设计风格，从而促使欧洲和美国掀起了另外一个规模更大的设计运动——"新艺术"运动。

威廉·莫里斯《呼啸平原的故事》

7. 新艺术运动

时间：约1890年—约1910年

"新艺术"运动是在欧美产生和发展的一次的装饰艺术运动，其影响面几乎波及所有的设计领域，包括雕塑和绘画艺术都受到它的影响，是一次非常重要的、强调手工艺传统的、并具有相当影响力的形式主义运动。

"新艺术"运动与"工艺美术"运动有着许多相似之处，但是二者亦存在明显区别："工艺美术"运动比较重视中世纪的哥特风格，"新艺术"运动则基本放弃传统装饰风格的借鉴，强调自然主义倾向，在装饰上突出表现曲线和有机形态。体现在平面设计上，大量地采用花卉、植物、昆虫作为装饰手段，风格细腻、装饰性强，常被称为"女性风格"，与简单朴实的"工艺美术"运动风格强调比较男性化的哥特风格形成鲜明对照。

另外，象征主义作为19世纪末的一个显著的艺术运动流派，对"新艺术"运动也造成了一定的影响。象征主义，其理论基础是主观的唯心主义，反对写实主义与印象主义，主张用晦涩难解的语言刺激感官，产生恍惚、迷离的神秘联想，即所为"象征"。高更是象征派美术运动的先导者。

这个时期具有代表性的平面设计大师有：被称之为"现代海报之父"的朱利斯·谢列特（法国）、

英国工艺美术
运用作品

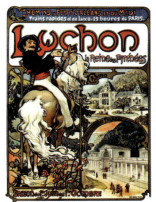

亨利德·图卢兹·劳德里克　　JobT 香烟广告

亨利德·图卢兹·劳德里克（法国）和最典型的"新艺术"设计风格代表人物阿尔丰斯·穆卡（法国）、彼德·贝伦斯（德国）等。

8.现代艺术运动

时间：约 20 世纪初—约 20 世纪 60 年代

现代艺术运动时期大约从 20 世纪初的"野兽主义"运动开始，其源流可以追溯到法国的印象主义，止于第二次世界大战结束时期美国的"抽象表现主义"运动结束，前后历经了半个多世纪。

在众多的现代艺术运动中，有不少对于现代平面设计带来了相当程度的影响，特别是形式风格上的影响。其中以立体主义的形式、未来主义的思想观念、达达主义的版面编排、超现实主义对于插图和版面的影响最大。

（1）野兽主义对平面设计的影响

在 1905 年的巴黎秋季沙龙中，展出了一批风格狂野、艺术语言夸张、变形而颇有表现力的作品，被人们称作"野兽群"，由此"野兽主义"（Fauvism）得名。野兽主义虽然持续的时间不长，但它以强烈的装饰性趣味和形式感对包括平面设计在内的现代艺术，产生了深远的影响。

（2）立体主义对平面设计的影响

立体主义运动起源于法国印象派大师保罗·塞尚，塞尚提出"物体的演化都是从原本物体的边与角简化而来的"，他所说的："自然的一切，都可以从球形、圆锥形，圆筒形去求得"，成为立体派的绘画理论。立体派的画家重视直线，忽视曲线，运用基本形体开始几何学上的构图，把所画的物体打破成许多不同的小平面，强调画中要把物体的长、宽、高、深度同时表现出来。立体派艺术受到黑人雕刻及东方绘画的影响，其创作方法是对物体由四面八方的观察，然后将物体打破肢解，再由画家的主观意识将碎片整理凑合，完成一个完整的艺术。

立体主义最重要的奠基人是来自西班牙的帕布罗·毕加索和法国的乔治·布拉克。立体主义绘画是在 1907 年以毕加索的作品《亚维农的少女》为标志开始的，该

德比罗　平面广告　1829 年

毕加索　《格尔尼卡》　1937 年

运动从1908年开始一直延续到20世纪20年代中期为止,对20世纪初期的前卫艺术家带来非常重大的影响,并直接导致了新艺术运动的出现,如达达主义、超现实主义、未来主义和其他形式的抽象艺术等。可以说立体主义是20世纪初期的现代主义艺术运动的核心和源泉。

另外特别要提到的是毕加索和布拉克于1912年发明的拼贴绘画技术,使绘画的色彩表现、画面的结构和肌理更加复杂,为丰富平面设计的表现形式及视觉效果起到了有益的启示。

（3）未来主义运动

未来主义运动是于20世纪初期在意大利出现的一场具有影响深刻的现代主义艺术运动。虽然未来主义只有短短的五六年,但是未来主义的观念给之后的达达主义及现代抽象艺术带来了很大的影响。未来主义的准则简单来说就是"动就是美",反对任何传统的艺术形式,认为真正艺术创作的灵感来源于意大利和欧洲的技术成就,而不是古典的传统。其核心是表现对象的移动感、震动感,趋向表达速度和运动。

反映在平面设计上主要是自由文字风格的形成,文字不再是表达内容的工具,文字在未来主义艺术家手中,成为视觉的因素,成为类似绘画图形一样的结构材料,可以自由安排,自由布局,不受任何固有的原则限

福特纳多·德比罗　版面设计　1927年

制,在版面编排上,推翻所有的传统编排方法,强调字母的混乱编排造成的韵律感,而不是它们所代表和传达的实质意义。

未来主义在平面设计上的高度自由的编排,后来被国际主义风格所否定。但在20世纪80年代到至90年代,又被设计界重新得到重视,成为时尚。

（4）达达主义运动对平面设计的影响

达达主义运动发生于第一次大战期间,由马谢·杜象在纽约领导,影响到现在艺术活动中的每个新艺术运动,现代艺术可以说都是达达的变奏或展开。达达主义主要的发展时期是1915年至1922年,是高度无政府主义的艺术运动。其强调自我,非理性,荒谬和怪诞,杂乱无章和混乱,是特殊时代的写照。

达达主义对平面设计的影响最大的是在于以拼贴方法设计版面,以照片的摄影拼贴方法来创作插图,及版面编排上的无规律化、自由化,也是重在视觉效果,与未来主义有相似之处。差不多同时期出现的构成主义和风格派,在具体的视觉设计上,与达达和未来有相当类似的地方。达达主义运动对于传统的大胆突破,对偶然性、机会性的强调,对于传统版面设计原则的突破,都对平面设计具有很大影响。达达主义对未来主义的精神

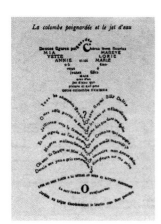

阿波里涅　《书法》
诗歌版面　1918年

马利耐蒂　《每天晚上她一遍又一遍
读着前方炮友给她的信》1919年

海报

海报

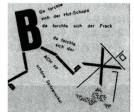

杜斯伯格《稻草人进行曲》
1922 年

和形式加以探索和发展,继而为超现实主义的产生奠定了基础。

（5）超现实主义对平面设计的影响

超现实主义是继达达主义之后重要的现代主义艺术运动。超现实主义的正式开端是1924年《超现实主义宣言》发表的时候,首先在法国展开,立即受西班牙画家的欢迎,很快普及到全世界,影响到了美术、文学、雕刻、戏剧、戏剧舞台、电影、建筑等艺术领域,所以超现实

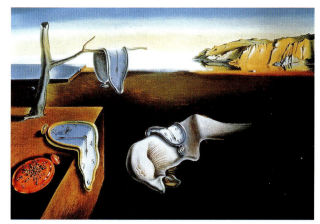

达利 《记忆的永恒》1913 年

主义可以说是影响全世界的新文艺运动。1945年后"新具象"在巴黎兴起,超现实主义才渐渐没落。

超现实主义认为"美是在解放了的意识中那些不可思议的幻象与梦境",所以超现实主义是一种超理性、超意识的艺术。超现实主义的画家不受理性主义的限制而凭本能及想象,表现超现实的题材。他们自由自在地生活在一种时空交错的空间,不受空间与时间的束缚,表现出比现实世界更真实更有意义的精神世界。超现实主义艺术创作的核心,是表现艺术家自己的心理状态、思想状态,比如梦、下意识、潜意识。

超现实主义的代表艺术家有:安德烈·马松、林恩·马格里特、依佛斯·唐吉、萨尔瓦多·达利。超现实主义对平面设计的影响主要是意识形态和精神方面的。在设计观念上,对于启迪创造性有一定的促进作用。

9.装饰艺术运动

装饰艺术运动是在20世纪20—30年代在法国、英国、美国等国家展开的设计运动,它与欧洲的现代主义运动几乎同时发生,彼此都有一定的影响。

随着现代化与工业化逐渐改变了人们的生活方式,艺术家们也尝试着寻找一种新的装饰使产品形式符合现代生活特征。1925年在巴黎举办了大型展览"装饰艺术展览",该展览向人们展示了"新艺术"运动后的建筑与装饰风格,在思想与形式上是对"新艺术"运动的矫饰的反动,它反对古典主义与自然主义及单纯手工艺形态,而主张机械之美,从现代设计发展历程看,它是具有积极的时代意义的。"装饰艺术"运动并非单纯的一种风格式样运动,它在很大程度上还属于传统的设计运动。即以新的装饰替代旧的装饰,其主要贡献是对现代内容在造型与色彩上的表现,显出时代特征。"装饰艺术"重视色彩明快、线条清晰和具有装饰意味,同时非常注重平面上的装饰构图,大量采用曲折线、成棱角的面、抽象的色彩构成,产生高度装饰的效果。

在"装饰艺术"运动的影响之下,以及现代主义艺

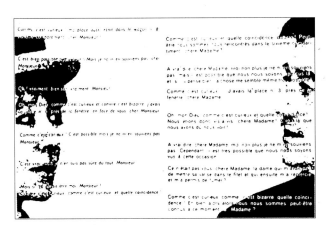

罗伯特·玛辛《秃头歌女》

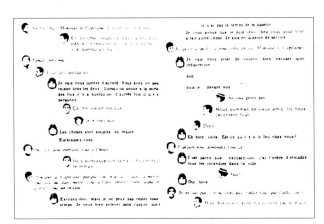

罗伯特·玛辛《秃头歌女》

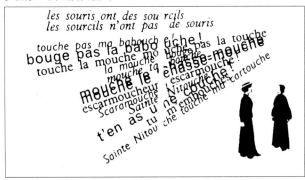

罗伯特·玛辛《秃头歌女》

罗伯特·玛辛《秃头歌女》

罗伯特·玛辛《秃头歌女》

罗伯特·玛辛《秃头歌女》

术运动特别是立体主义运动的影响下，欧美一些国家出现了以海报为中心的新平面设计运动，该运动以绘画为设计的核心，同时又受现代主义艺术运动影响，因此称为"图画现代主义"运动，这个运动的新风格和形式对于日后的现代商业海报发展有很大的影响作用。

10. 现代主义设计运动

现代设计的思想和形式基础主要源于"构成主义"、"风格派"和"包豪斯"这三个现代主义设计运动最重要的核心，这三个运动主要集中在俄国、荷兰和德国三个国家开始进行试验。俄国的"构成主义"运动是意识形态上旗帜鲜明地提出设计为无产阶级服务的一个运动，而荷兰的"风格派"运动则是集中于新的美学原则探索的单纯美学运动，德国的"现代设计"运动从德意志"工作同盟"开始，到包豪斯设计学院为高潮，集欧洲各国设计运动之大成，初步完成了现代主义运动的任务，初步搭起现代主义设计的结构，战后影响到世界各地，成为战后"国际主义设计运动"的基础。

（1）俄国构成主义设计运动（约1917年—1924年）构成主义设计运动，是俄国十月革命胜利前后产生的前卫艺术运动和设计运动，为抽象艺术的一种。

构成主义的特征主要有：简单、明确，采用简明的纵横版面编排为基础，以简单的几何形和纵横结构来进行平面装饰，强调几何图形与对比。构成主义的探索，从根本上改变了艺术的"内容决定形式"的原则，其立场是"形式决定内容"。构成主义的三个基本原则是：技术性、肌理、构成。

构成主义在设计上集大成的主要代表是李西斯基，他对于构成主义的平面设计风格影响最大。其设计具有强烈的构成主义特色：简单、明确，采用简明扼要的纵横版面编排为基础，字体全部是无装饰线体，平面装饰的基础仅仅是简单的几何图形和纵横结构而已。他在平面设计上另外一个重大贡献是广泛地采用照片剪贴来设计插图和海报。他可以说是现代平面设计最重要的创始人之一。

构成主义为后来的现代主义和国际主义形成打下了基础。

罗钦科 《左翼艺术》　　　李西斯基 《主题》
杂志封面 1923年　　　杂志封面 1922年

（2）风格派（1917年—1931年）

风格派是荷兰的现代艺术运动，又称"新造型主义"，是与构成主义运动并驾齐驱的重要现代主义设计运动之一。蒙德里安是它的领袖。风格派追求和谐、宁静、有秩序，造型中拒绝使用具象元素，认为艺术不需要表现个别性和特殊性，而应该以抽象的元素去获得人类共通的纯粹精神。他们主张艺术语言的抽象化与单纯性，表现数学精神。作品《红、黄、蓝、构图》是蒙德里安艺术思想最集中的表现。他创造的图像风格精确、简练和均衡，对于现代绘画、建筑和实用工艺美术设计产生了不可忽视的影响。

风格派的第一次宣言中表达了两点创作的立场：第一，新的文化应在普遍性与个人性之间取得平衡。第二，要放弃自然形及（既有）建筑的形，重新追求一个新的文化基础。在对形的探讨上：强调红、黄、蓝、白、黑的原色使用；直线及直角方块的形的使用；非对称的轮廓的使用。

风格派在平面设计上的集中体现出来的特点是：高度理性，完全采用简单的纵横编排方式，字体完全采用无装饰线体，除了黑白方块或长方形之外，基本没有其他装饰，直线方块组合文字成了基本全部的视觉内容，在版面编排上采用非对称方式，但是追求非对称之中的视觉平衡。

海伦道恩 海报 1923 年　　　杜斯伯格 杂志封面 1919 年

（3）包豪斯（1919 年—1933 年）

包豪斯即指1919年由德国著名的建筑家沃尔特·格罗佩斯在德国魏玛市建立的"国立包豪斯学院"，是欧洲现代主义设计集大成的核心。对于平面设计而言，包豪斯所奠定的思想基础和风格基础具有重要而决定性的意

义，"二战"之后的国际主义平面风格在很大程度上是在包豪斯基础上发展起来的。

赫伯特·拜耶 封面设计　　尤斯夫·埃尔博斯 1925 年
1926 年

11. 国际主义设计运动

时间：20 世纪 50 年代至今。

这种风格影响平面设计达20年之久，直到目前它的影响依然存在，并且成为当代平面设计中最重要的风格之一。

国际主义风格的特点是，力图通过简单的网络结构和近乎标准化的版面公式达到设计上的统一性。具体来讲，这种风格往往采用方格网为设计基础，在方格网上的各种平面因素的排版方式基本是采用非对称式的，无论是字体还是插图、照片、标志等，都规范地安排在这个框架中，在排版上往往出现简单的纵横结构，而字体也往往采用简单明确的无饰字体，因此得到的平面效果非常公式化和标准化，故而具有简明而准确的视觉特点，对于国际化的传达目的来说是非常有利的。正是这个原因它才能在很短的时间内普及，并在近半个多世纪的时间中长久不衰。

但是国际主义风格也比较板，流于程式。给人一种千篇一律、单调、缺乏情调的设计特征。

12. 当代艺术运动

20世纪有两次巨大的艺术革命，世纪之初到第二次世界大战前后的现代艺术运动是其中的一次，影响深远，并且形成了我们现在称为"经典现代主义"的全部内容和形式。另一次就是20世纪60年代以"波普"运动开始直至目前的当代艺术运动。在波普艺术的带动下，出现了很多不同的新艺术形式，如观念艺术、大地艺术、人体艺术等，艺术变得繁杂而多样。

（1）波普艺术

波普艺术严格地来说是起源于英国，但真正爆发出影响力却是在20世纪60年代的纽约，在20世纪60年达到高潮，到1970年左右开始衰落。波普艺术将当时的艺术带回物质的现实而成为一种通俗文化，这种艺术使得当时以电视，杂志或连环图画为消遣的一般大众感到相当的亲切。它打破了1940年以来抽象表现主义艺术对严肃艺术的垄断，把日常生活与大量制造的物品与过去艺术家视为精神标杆的理想形式主义摆在同等重要的地位，高尚艺术与通俗文化的鸿沟从此消失，开拓了通俗、庸俗、大众化、游戏化、绝对客观主义创作的新途径。波普艺术与立体主义一样，是现代艺术史的转折点之一。

波普艺术对包括平面设计、服装设计等在内的当代设计及艺术的影响极大。尤其是它的雅俗共赏迎合了大众的审美情趣，在当代包括广告设计在内的平面设计中应用十分广泛。字母、涂鸦、抽象夸张的图案，都是波普主义的明显特征。

波普艺术在创作中广泛运用与大众文化密切相关的当代现成品，这些物品是机械的，大量生产的，广为流行的，低成本的，是借助于大众传播工具（电视、报纸和其他印刷物）作为素材和题材的。在运用它们作为手段时，为了吸引人必须新奇、活泼，性感，以刺激大众的注意力引起他们的消费感。

（2）后现代主义

后现代主义是20世纪60年代以来欧美各国（主要是美国）继现代主义之后前卫美术思潮的总称，又称后现代派。带动了包括平面设计、产品设计等在内的其他设计领域的后现代主义设计运动，尤其在产品设计领域表现得更为突出。

后现代主义艺术具有以下明显特征：装饰主义，象征主义，折中主义，形式主义，有意图的游戏，形式偶然的设计，形式无序的等级，技术精巧，艺术对象，距离，综合和对立结合处理，中心和分散混合的方式，等等。

四、影像发展

在当代的平面设计中，摄影的地位举足轻重，但摄影的发明初衷并非为了改善平面设计，它是人类力图捕捉视觉形象的探索过程中的伟大成就。最早的摄影技术是由法国人约瑟夫·尼伯斯于1820年前后发明的，直到1871年，才由纽约发明家约翰·莫斯开始尝试将其用于印刷制版。1875年，法国人查尔斯·吉洛特在巴黎开设

安迪·沃霍尔 《玛丽莲·梦露》

了法国第一家照相制版公司。在整个19世纪下半叶，都有大量的人从事印刷的摄影制版探索，包括摄影的彩色印刷试验，尽管摄影制版技术从整体上来说还不完善，但由于其价格低廉、速度快捷、图像质量真实精细，所以还是有越来越多的印刷厂家开始采用这个技术制版，特别是用来制作插图版面，从而使手工插图在平面设计中的应用范围越来越小。

另外值得一提的是照相制版技术的完善，通过摄影的方法，字体和其他平面元素可以完全自由地缩放处理，设计的自由度大大增加，设计和制作时间上也大大缩短了，更为重要的是生产成本大幅度地降低了。到20世纪60年代末，照相制版技术基本完全取代了陈旧的金属排版技术。这个技术因素对于设计的促进有着巨大的作用。

在平面设计中最早把摄影运用于创造性设计活动的是瑞士设计家赫伯特·玛特。玛特对于立体主义有很深刻的理解，特别对于立体主义后期采用的拼贴方法感兴趣，对于摄影的艺术表现、利用摄影拼贴组成比较主观的平面设计抱有强烈的欲望，并全力以赴地将摄影作为设计手法运用到设计中。20世纪30年代，他设计出一系列的瑞士国家旅游局的旅游海报，广泛采用强烈的黑白、纵横、色彩和形象的对比，采用摄影、版面编排和字体的混合组合而形成的拼贴画面，利用照相机的不寻常角度，得到非常特别的平面效果，具有很强的感染力。

第二节 ///// 版式设计在平面设计中的地位

在目前许多国外的设计院校的课程体系中，版式设计是一门相当重要的专业课程。在德国、美国的一些学校里，版式设计课不仅进行平面设计方面的学习，同时还进行立体空间方面的研究。

在整体现代设计教学的课程体系中，版式设计有着特定的地位。许多院校将设计课程分为三个主要阶段：基础课程、专业基础课程和专业设计课程。版式设计属于专业基础课程。

在版式设计以前的基础课程，特别是设计基础课程（平面构成、色彩构成、立体构成，装饰图案、平面形态等），对各种设计要素，如形态的类别、构成和变化，色彩的基本现象和规律，不同肌理的生成与组合，不同构成和构图方法等方面进行了全面的学习研究，为版式设计课程奠定了基础。

版式设计课程是针对形态、色彩、空间、肌理等设计要素和构成要素在图、文表现可能性及与表现内容关系中进行全面的学习研究，为以后的专业设计打下基础。

版式设计以后的专业设计课程，如招贴设计、书籍设计、网页设计、平面广告设计等，是在特定的表达介质上的版面研究。

所以版式设计在平面设计体系中是一个承上启下的重要环节。

基础课程：设计素描、设计色彩

设计基础：平面构成、色彩构成、立体构成，装饰图案、平面形态等

工具类课程：Photoshop、Illustrator、摄影基础、印刷工艺等

专业基础课程：字体设计、图形创意、版式设计

专业设计课程：招贴设计、书籍设计、网页设计、平面广告设计等

第三节 ///// 版式设计方法

设计师在辛勤的设计实践中，经过大量的设计感悟，总结出各种设计方法的套路。下面介绍几种行之有效的设计方法，不论是书籍设计、报纸设计、杂志设计、包装设计、网页设计甚至是平面设计以外的设计都能从中受益。

一、模版套用式设计

设计师在平时没有设计任务的时候就积极积累基础版式，形成一个模版库。在获得设计任务后，把图片、文字直接放进合适的模版里，用最快的时间完成理想的版面设计。

二、图片优先式设计

设计过程是以寻找图片素材作为开始的，一切的后续形式安排都是根据第一步的素材形式进行延展的。排版需要设计师尤其重视图片素材的特征，要求挖掘其设计表现潜力，以清晰的视觉、详尽的内容加强创意。

三、平实质朴式设计

设计师往往会去追求大创意、大视觉，认为那些才能体现设计的真谛，体现设计师的能力。其实不然，有时候平实、质朴也是一种大设计，用一颗平常、宁静的心去完成简单的设计。20世纪美苏冷战时，为解决宇航员在太空中书写问题，美国花大量资金研究可以在失重条件下书写的钢笔，而苏联就直接使用铅笔。

四、换位式设计

设计的任何产物都是为人服务的，我们在进行一项设计时要以用户的角度去换位思考。用户在使用我们的设计时获得的体验及他的思考、欲望、限制都需要我们进行提前的评估。

五、约定俗成式设计

我们的一些生活规律、习惯做法已经成为固定的"公理"，我们只需要分析客户的意图、功能性的需要，直接利用人们的习惯做法去完成设计。

六、一题多解式设计

视觉是一门表现艺术，它不像数学题目只有唯一正确答案。同一个内容，我们可以做很多种视觉排版样式，都是正确答案。平面设计没有正误之分，只有好坏之分。设计师不应该循规蹈矩、本本主义，好的设计师应该有思想，有主见，言之有理，能够自圆其说的设计都是好设计。

[复习参考题]

◎ 请口述你所知道的版式设计方法，并且对什么情况下怎么使用进行讨论。

[实训案例]

◎ 分析汉字的产生历史，运用各个时期的汉字进行排版练习，发掘其形式特色。

◎ 对比大小写的26个拉丁字母，进行形状、灰度、大小概括，归纳出其节奏起伏。

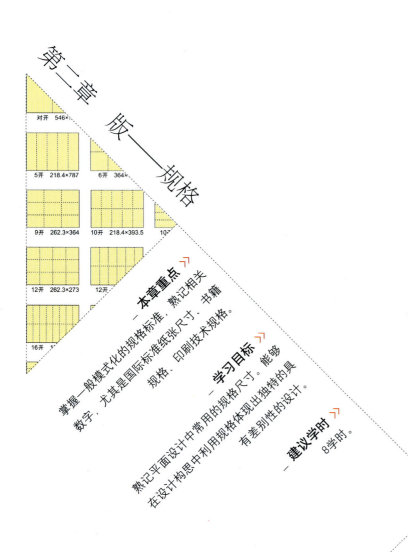

第二章 版——规格

本章重点

掌握一般模式化的规格标准，熟记相关数字，尤其是国际标准纸张尺寸。

学习目标

熟记平面设计中常用的规格尺寸。能够在设计构思中利用规格体现出独特的具有差别性的设计。

建议学时

8学时。

第二章　版——规格

在现代平面设计中，设计师以多样的视觉传达方式，高效率地传递信息。平面作品千姿百态，和读者进行各种"人机"交流。一方面我们要掌握模式化的规格尺度，另一方面设计师又需要在创作中不断灵活创新规格的使用。规格是版式设计的第一步，我们不能因为重视字体设计、图形设计而忽略设计中规格对读者阅读效果的重大作用。

第一节 ///// 国际标准纸张尺寸规格

在图形设计和印刷行业中使用的纸张公共尺寸规格（除北美之外）是国际标准纸张尺寸规格[ISO sheet sizes]。ISO（国际标准组织）使用公制（米制）系统，纸张采用毫米度量单位。A0纸张(841mm × 1189mm)是一平方米，小规格的依次为A1，A2，A3，A4。

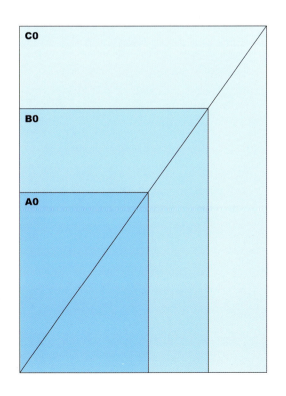

国际标准化组织的ISO216定义了当今世界上大多数国家所使用纸张尺寸的国际标准。此标准源自德国，在1922年通过，定义了A、B、C三组纸张尺寸，其中包括最常用的A4纸张尺寸。

A组纸张尺寸的长宽比都是$1:\sqrt{2}$。A0指面积为1平方米，长宽比为$1:\sqrt{2}$的纸张。接下来的A1、A2、A3等纸张尺寸，都是定义成将编号少一号的纸张沿着长边对折，然后舍去到最接近的毫米值。最常用到的纸张尺寸是A4，它的大小是210mm × 297mm。

B组纸张尺寸是编号相同与编号少一号的A组纸张的几何平均。举例来说，B1是A1和A0的几何平均。同样，C组纸张尺寸是编号相同的A、B组纸张的几何平均。举例来说，C2是B2和A2的几何平均。

C组纸张尺寸主要使用于信封。一张A4大小的纸张可以刚好放进一个C4大小的信封。如果你把A4纸张对折变成A5纸张，那它就可以刚好放进C5大小的信封，同理类推。ISO216的格式遵循着的$1:\sqrt{2}$比率，放在一起的两张纸有着相同的长宽比和侧边。这个特性简化了很多事，例如：把两张A4纸张缩小影印成一张A5纸张；把一张A4纸张放大影印到一张A3纸张；影印并放大A4纸张的一半到一张A4纸张，等等。

这个标准最主要的障碍是美国和加拿大，它们仍然使用信度（Letter），Legal，Executive纸张尺寸系统。加拿大用的是一种P组纸张尺寸，它其实是美国用的纸张尺寸，然后取最接近的公制尺寸。

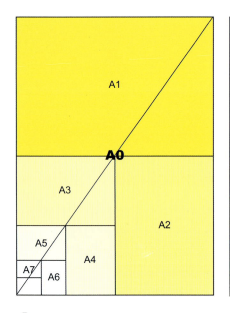

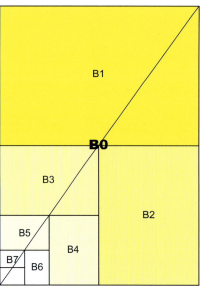

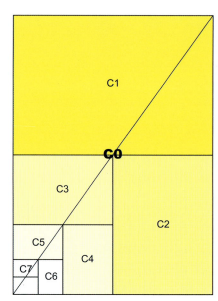

A组

规格	尺寸(mm)
A0	841×1189
A1	594×841
A2	420×594
A3	297×420
A4	210×297
A5	148×210
A6	105×148
A7	74×105
A8	52×74
A9	37×52
A10	26×37

B组

规格	尺寸(mm)
B0	1000×1414
B1	707×1000
B2	500×707
B3	353×500
B4	250×353
B5	176×250
B6	125×176
B7	88×125
B8	62×88
B9	44×62
B10	31×44

C组

规格	尺寸(mm)
C0	917×1297
C1	648×917
C2	458×648
C3	324×458
C4	229×324
C5	162×229
C6	114×162
C7/6	81×162
C7	81×114
C8	57×81
C9	40×57
C10	28×40
DL	110×220

　　一般用于书刊印刷的全张纸的规格有以下几种：787mm × 1092mm、850mm × 1168mm 、880mm × 1230mm、889mm × 1194mm等。

　　787号纸为正度纸张，做出的书刊除去修边以后的成品为正度开本，常见尺寸为8开：368mm × 260 mm；16开：260mm × 184 mm；32开：184mm × 130 mm。

　　850号为大度纸张，成品就为大度开本，如大度16开、大度32开等，常见尺寸为8开：285mm × 420mm；

16开：210mm×285mm；32开：203mm×140mm，其中8开尺寸如果用做报纸印刷的话，一般是不修边的，所以要比上面给出的尺寸稍大。

880号和889号纸张，主要用于异形开本和国际开本。印刷书刊用纸的大小取决于出版社要求出书的成品尺寸，以及排版、印刷技术。

第二节 ////// 户内外媒体的规格

一、名词解释

1. 写真

写真一般是指户内使用的，它输出的画面一般只有几平方米大小。如在展览会上厂家使用的广告小画面。输出机型如HP5000，一般幅宽为1.5米。写真机使用的介质一般是PP纸、灯片，墨水使用水性墨水。在输出图像完毕还要覆膜、裱板才算成品，输出分辨率可以达到300～1200DPI，它的色彩比较饱和、清晰。写真耗材可分为背胶、海报、灯片、照片贴、车贴等。

2. 喷绘

喷绘一般是指户外广告画面输出，它输出的画面很大，如高速公路旁众多的广告牌画面就是喷绘机输出。输出机型有：NRU SALSA 3200、彩神3200等，一般是3.2米的最大幅宽。喷绘机使用的介质一般都是广告布（俗称灯箱布），墨水使用油性墨水，喷绘公司为保证画面的持久性，一般画面色彩比显示器上的颜色要深一点的。它实际输出的图像分辨率一般只需有30～45DPI（按照印刷要求对比），画面实际尺寸比较大的，有上百平方米的面积。喷绘也可用背胶纸，用于地贴、墙贴、桌面贴。一般喷绘清晰度没有写真高，颜色会根据气温和时间的变化而褪色，但效果和保存时间相对写真要长很多。

3. 易拉宝及X展架

展架类型。收放自如，携带方便，移动灵活，很受欢迎。一般尺寸A1 0.8m×2m，落地式易拉宝1.2m×2m。

二、制作要求

户内展板型：因较近距离观看，喷绘要求精度较高，材料多采用PP胶、背胶等较细腻的材质，其成品可卷起携带方便，也可直接裱KT板，镶边框。

户外型：户外喷绘的规格大小不等，一般的广告招牌有十几米，浑厚大气的户外喷绘多达几十米。多以灯箱布为主，分内打灯光（透明）和外打灯光（不透明）两种。具有较强的抗老化耐高温、拉力、风吹雨淋等特点。

电梯广告宣传画：成品尺寸为550mm×400mm，工艺制作多采用高精度写真，以水晶玻璃8+5mm斜边、打孔，支架式装饰钉安装。

三、设计要求

1. 图像分辨率要求：

写真一般情况要求72DPI/英寸就可以了，如果图像过大可以适当地降分辨率，控制新建文件在200M以内即可。

2. 图像模式要求

喷绘统一使用CMYK模式四色喷绘。它的颜色与印刷色有所不同，在作图的时候应该按照印刷标准走，喷绘公司会调整画面颜色和小样接近。

写真可以使用CMKY模式，也可以使用RGB模式。注意在RGB中大红的值用CMYK定义，即M=100，Y=100。

3.图像黑色部分要求

喷绘和写真图像中都严禁有单一黑色值，必须添加C、M、Y色，组成混合黑。注意把黑色部分改为四色黑做成：C=50，M=50，Y=50，K=100，否则画面上会出现黑色部分有横道，影响整体效果。

4.图像储存要求

喷绘和写真的图像最好储存为TIFF格式，不压缩的格式。其实用JPG也未尝不可，但压缩比必须高于8，不然画面质量无保证。对于原始图片小，拉大后模糊的情况，可适量增加杂点来解决。

5.喷绘的尺寸

画面要放出血，如果机器缩布的话，不放出血，那打印出来的尺寸比电脑上的尺寸要小。尤其是大画面的更明显。一般出血是1米放0.1米的出血。

第三节 //// 招贴（海报）的尺寸与样式

在国外，招贴的大小有标准尺寸。按英制标准，招贴中最基本的一种尺寸是30英寸×20英寸(508mm×762mm)，相当于国内对开纸大小，依照这一基本标准尺寸，又发展出其他标准尺寸：30英寸×40英寸、60英寸×40英寸、60英寸×120英寸、10英寸×6.8英寸和10英寸×20英寸。大尺寸是由多张纸拼贴而成，例如最大标准尺寸10英尺×20英尺是由48张30英寸×20英寸的纸拼贴而成的，相当于我国24张全开纸大小。专门吸引步行者看的招贴一般贴在商业区公共汽车候车亭和高速公路区域，并以60英寸×40英寸大小的招贴为多。而设在公共信息墙和广告信息场所的招贴(如伦敦地铁车站的墙上)以30英寸×20英寸的招贴和30英寸×40英寸的招贴为多。

美国最常用的招贴规格有四种：1张一幅(508mm×762mm)、3张一幅、24张一幅和30张一幅，其中最常用的是24张一幅，属巨幅招贴画，一般贴在人行道旁行人必经之处和售货地点。

国内常用海报：大四开：580mm×430mm，大对开：860mm×580mm

工艺：多采用157g铜版纸，4C+0C印刷(单面四色)，过光胶或亚胶，切成品，背贴双面胶。

第四节 //// 信封、信笺及其他办公用品

一、信封国家标准

1.信封一律采用横式，信封的封舌应在信封正面的右边或上边，国际信封的封舌应在信封正面的上边。

2.B6、DL、ZL号国内信封应选用每平方米不低于80g的B等信封用纸Ⅰ、Ⅱ型；C5、C4号国内信封应选用每平方米不低于100g的B等信封用纸Ⅰ、Ⅱ型；国际信封应选用每平方米不低于100g的A等信封用纸Ⅰ、Ⅱ型。信封用纸的技术要求应符合QB／T2234《信封用纸》的规定，纸张反射率不得低于38.0%。

3.信封正面左上角的邮政编码框格颜色为金红色，色标为PAN TONE1795C。

4.信封正面左上角距离左边90mm，距离上边26mm的范围为机器阅读扫描区，除红框外不得印任何图案和文字。

5.信封正面距离右边55mm～160mm，距离底边20mm以下的区域为条码打印区，应保持空白。

6.信封的任何地方不得印广告。

7.信封上可印美术图案,其位置在正面距离上边26mm以下的左边区域,占用面积不得超过正面面积的18%。超出美术图案区的区域应保持信封用纸原色。

8.信封背面的右下角应印有印制单位、数量、出厂日期、监制单位和监制证号等内容,

可印上印制单位的电话号码。

二、信封尺寸

C6 号 162mm × 114mm 新增加国际规格
B6 号 176mm × 125mm 与现行 3 号信封一致
DL 号 220mm × 110mm 与现行 5 号信封一致
ZL 号 230mm × 120mm 与现行 6 号信封一致
C5 号 229mm × 162mm 与现行 7 号信封一致
C4 号 324mm × 229mm 与现行 9 号信封一致

二、信笺尺寸

大 16 开 21cm × 28.5cm、正 16 开 19cm × 26cm、
大 32 开 14.5cm × 21cm、正 32 开 13cm × 19cm、

大 48 开 10.5cm × 19cm、正 48 开 9.5cm × 17.5cm、
大 64 开 10.5cm × 14.5cm、正 64 开 9.5cm × 13cm

信笺常用纸张:70g/80g 胶版纸

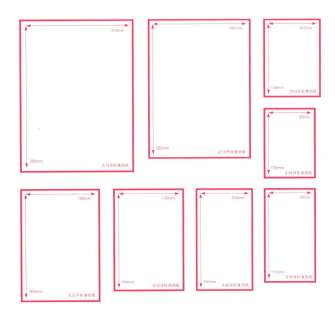

四、旗类

桌旗:210mm × 140mm（与桌面成 75°夹角）

竖旗:750mm × 1500mm

大企业司旗 1440mm × 960mm960mm × 640mm（中小型）

五、票据

多联单、票据:多采用无碳复写纸,有二联、三联、四联,纸的颜色有:白、淡蓝、淡绿、淡红、淡黄。纸张厚度一般为40g~60g。

规格:尺寸可根据实际需要自行设定。

印刷:多为单色,或双色。可打流水号(从起始号至结尾号,可由客户自定)。胶头或胶左。

六、不干胶、镭射防伪标

常作为产品的标签,有纸类、金属膜类,镭射激光防伪标此系列品种较多,工艺亦不同,在设计时可根据需要选择不同材质和工艺。

印刷:分单色、四色,过光胶或亚胶。

第五节 ///// 书籍的规格

一、书籍开本的类型和规格

1. 大型本

12开以上的开本。适用于图表较多，篇幅较大的厚部头著作或期刊印刷。

2. 中型本

16开到32开的所有开本。此属一般开本，适用范围较广，各类书籍印刷均可应用。

3. 小型本

适用于手册、工具书、通俗读物或但篇文献，如46开、60开、50开、44开、40开等。

我们平时所见的图书均为16开以下的，因为只有不超过16开的书才能方便读者的阅读。在实际工作中，由于各印刷厂的技术条件不同，常有略大、略小的现象。在实践中，同一种开本，由于纸张和印刷装订条件的不同，会设计成不同的形状，如方长开本、正扁开本、横竖开本等。同样的开本，因纸张的不同所形成不同的形状，有的偏长、有的呈方。

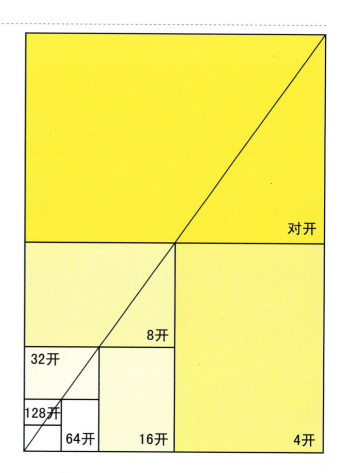

二、不同类型的图书与开本

1. 理论类书籍，学术类书籍，中、小学生教材及通俗读物。篇幅较多，开本较大，常选用32开或大32开，便于携带、存放，适于案头翻阅。

2. 科技类图书及大专教材、高等学校教材。因容量较大，文字、图表多，一般采用大开本，适合采用16开。但现在有一些教材改为大32开。

3. 文学书籍常为方便读者而使用32开。诗集、散文集开本更小，如42开、36开等。

4. 儿童读物。一般采用小开本，如24开、64开，小巧玲珑，但也有不少儿童读物，特别是绘画本读物选用16开甚至是大16开，图文并茂，倒也不失为一种适用的开本。

5. 大型画集、摄影画册。有6开、8开、12开、大16开等，小型画册宜用24开、40开等等。

6. 工具书中的百科全书、《辞海》等厚重渊博，一般用大开本，如16开。小字典、手册之类可用较小开本，如64开。

对开 546×787	对开 393.5×1092	3开 364×787	4开 393.5×546	4开 273×787	5开 329.5×457.5
5开 218.4×787	6开 364×393.5	6开 262.3×546	7开 218.4×546	8开 273×393.5	8开 196.7×546
9开 262.3×364	10开 218.4×393.5	10开 157.4×546	11开 213×364	11开 156×475	12开 196.7×364
12开 262.3×273	12开 182×393.5	14开 218.4×273	15开 218.4×262.3	15开 157.4×364	16开 196.7×273
16开 136.5×394	18开 182×262.3	18开 131×364	20开 196.7×218.4	20开 157.4×273	24开 182×196.7
24开 131×273	32开 136.5×196.7	36开 120.2×196.7	36开 131×182	40开 109.2×196.7	64开 98.3×136.5

7.印刷画册的排印要将大小横竖不同的作品安排得当，又要充分利用纸张，故常用近似正方形的开本，如6开、12开、20开、24开等，如果是中国画，还要考虑其独特的狭长幅面而采用长方形开本。又比如期刊。一般采用16开本和大16开本。大16开本是国际上通用的开本。

8.篇幅多的图书开本较大，否则页数太多，不易装订。

第六节 ///// 折页及宣传册

一、折页常用尺寸

1.折页广告的标准尺寸

（A4)210mm × 285mm，文件封套的标准尺寸：220mm × 305mm

2.宣传单页（16开小海报）

成品尺寸：210mm × 285mm

工艺：多采用157g铜版纸，4C+4C 印刷（正反面的四色印刷），可印专色、专金、专银，切成品。

3.二折页

常用的成品尺寸：95mm × 210mm

展开尺寸：190mm × 210mm

工艺：多采用157g铜版纸，4C+4C 印刷，可印专色、专金、专银，切成品、压痕。

4.宣传彩页（三折页）

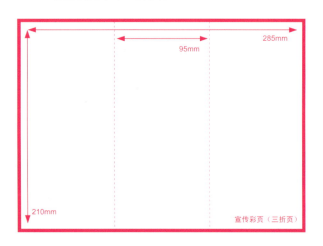

宣传彩页（三折页）

成品尺寸：210mm × 95mm

展开尺寸：210mm × 285mm

工艺：多采用157g铜版纸，4C+4C 印刷，切成品、压痕。

32开三折页打开是4开，16开三折页打开是对开。

二、宣传画册

一般成品尺寸：210mm × 285mm

工艺：封面多为230g铜版或亚粉纸过亚胶或光胶。内页157g 或128g 铜版纸或亚粉纸，4C+4C 印刷，骑马钉。页数较多时可用锁线胶装。

封套：封套属画册的一种，好处是可针对不同客户灵活应用，避免浪费。

常规尺寸：220mm × 300mm

工艺：多采用230～350g 铜版纸或亚粉纸，也可以用特种工艺纸。4C+4C 印刷，可以印专色、击凹凸、局部UV、过光胶或亚胶、烫铂、啤、粘等工艺。插页则

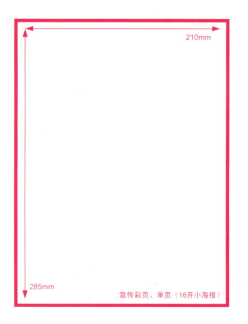

宣传彩页、单页（16开小海报）

为正规尺寸210mm × 285mm ，其他工艺与彩页相同。

三、标书

封面多采用皮纹纸或特种工艺纸，或四色彩印后裱双灰板，内页157g或128g铜版或亚粉纸，也可用书写纸、数码彩印，锁线胶装，可打孔装订。

第七节 ///// 卡片

一、名片尺寸

横版：90mm × 55mm（方角）、85 × 54mm（圆角）
竖版：50mm × 90mm（方角）、54 × 85mm（圆角）
方版：90mm × 90mm、90 × 95mm

横版方角名片

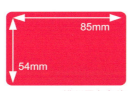

横版圆角名片

竖版方角名片

竖版圆角名片

方版名片1

方版名片2

二、IC卡尺寸

IC卡尺寸是指卡基的尺寸，对于常用ID-1型卡，要求标准尺寸为：

宽：85.60mm（最大85.72mm，最小85.47mm）
高：53.98mm（最大54.03mm，最小53.92mm）
厚：0.76mm（公差为±0.08mm）

三、胸牌尺寸

大号：110mm × 80mm
小号：20mm × 20mm

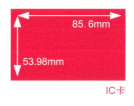

IC卡

胸牌

四、身份证尺寸

85.6mm × 54.0mm × 1.0mm

注：上岗证、出入证、参观证、员工证、学生卡、工作卡、智能卡、工卡、积分卡、ID卡、PVC卡、会员卡、贵宾卡同身份证大小。

五、服饰吊卡、标签

多采用250～350g铜版或单粉卡纸，4C+4C或4C+0印刷，可印专色和烫铂（金、银、宝石蓝等）、过光胶或亚胶、局部UV、凹凸、切或啤、打孔等工艺。

第八节 ///// CD 及 DVD

一、 CD 及 DVD 规格

普通标准 120 型光盘

尺寸：外径 120mm、内径 15mm

厚度：1.2mm

容量：DVD 4.7GB；CD 650MB/700MB/800MB/890MB

印刷尺寸：外径 118mm 或 116mm；内径 38mm，也有印刷到 20mm 或 36mm

凹槽圆环直径：33.6mm（不同的盘稍有差异，也有没凹槽的）

盘面印刷的部分要向内缩进 1mm 左右

迷你盘 80 型光盘

尺寸：外径 80mm，内径 21mm

厚度：1.2mm

容量：39～54MB 不等

印刷尺寸：外径 78mm；内径 38mm，也有印刷到 20mm 或 36mm 的。

凹槽圆环直径：33.6mm（不同的盘稍有差异，也有没凹槽的）

盘面印刷的部分要向内缩进 1mm 左右

名片光盘

尺寸：外径 56mm × 86mm，60mm × 86mm；内径 22mm

厚度：1.2mm

容量：39～54MB 不等

双弧形光盘

尺寸：外径 56mm × 86mm，60mm × 86mm；内径 22mm

厚度：1.2mm

容量：30MB/50MB

异型光盘

尺寸：可定制

厚度：1.2mm

容量：50MB/87MB/140MB/200MB

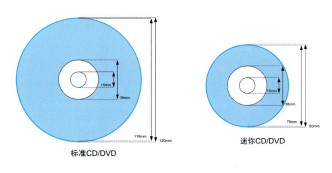

标准CD/DVD　　　迷你CD/DVD

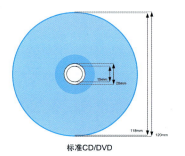
标准CD/DVD

迷你CD/DVD

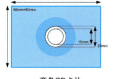
商务CD卡片

双弧形CD

二、CD 及 DVD 包装盒国际标准尺寸

一般的单片 CD 盒：142mm × 126mm × 10mm

薄型：142mm × 126mm × 6mm

双片装 DVD 盒：136mm × 190mm × 15.5mm

大圆盘透明厚盒　尺寸：142mm × 125mm × 10mm 型号：塑料盒

名片光盘盒　尺寸：99mm × 61mm × 5mm　型号：塑料盒

光盘包附有盒　尺寸：274mm × 185mm　型号：

全色印刷

标准的光盘盒的尺寸为：封面：124mm × 120mm，封底：150mm × 118mm，两边各留出5.5mm作为翻边。但设计还是要根据你们具体需要的包装来定尺寸。

第九节 ///// 网络广告规格

国际上规定的标准的广告尺寸有下面八种，并且每一种广告规格的使用也都有一定的范围。

（1）120mm × 120mm，这种广告规格适用于产品或新闻照片展示。

（2）120mm × 60mm，这种广告规格主要用于做LOGO使用。

（3）120mm × 90mm，主要应用于产品演示或大型LOGO。

（4）125mm × 125mm，这种规格适于表现照片效果的图像广告。

（5）234mm × 60mm，这种规格适用于框架或左右形式主页的广告链接。

（6）392mm × 72mm，主要用于有较多图片展示的广告条，用于页眉或页脚。

（7）468mm × 60mm，应用最为广泛的广告条尺寸，用于页眉或页脚。

（8）88mm × 31mm，主要用于网页链接或网站小型LOGO。

第十节 ///// 包装

一、手提袋

规格：可按内容物大小而定，材料一般采用230～300g白卡（单粉卡纸）或灰卡。

工艺：多采用4C+0C印刷（或专色）、过光胶或亚胶，可烫铂、击凹凸、UV等工艺。手提绳有多种色彩可供选择，通常选用以手提袋主色调相和谐的色彩。

标准尺寸：400mm × 285mm × 80mm。另外几种常用的尺寸：220(宽)mm × 60(厚)mm × 320(高)mm、310(宽)mm × 85(厚)mm × 280(高)mm、305(宽)mm × 115(厚)mm × 410(高)mm

二、药品包装

多采用250～350g白底白卡纸（单粉卡纸），或灰底白卡纸。也可用金卡纸和银卡纸。应根据实际需要和产品档次选择不同材质。

印刷：多以4C+0或4C+1C印刷，可印专色(专金或专银)。

后道工艺：有过光胶、亚胶、局部UV、磨砂、烫铂（有金色、银色、宝石蓝色等多种色彩的金属质感膜供选择）或过防伪膜（使他人无法仿造）、击凹凸、和啤、粘等工艺。

三、烟酒类包装

多采用300～350g白底白卡纸（单粉卡纸），或灰底白卡纸。较大的盒可用250+250g对裱，也可用金卡纸和银卡纸。应根据实际需要和产品档次选择不同材质。

印刷：多以 4C+0 或 4C+1C 印刷，可印专色、专金或专银。

后道工艺：有过光胶、亚胶、局部 UV、磨砂、烫铂（有金色、银色、宝石蓝色等多种色彩的金属质感膜供选择）或过防伪膜（使他人无法仿造）、击凹凸、和啤、粘等工艺。（礼品式酒盒参考礼品盒类）

四、月饼类高档礼品盒

多采用 157g 铜版纸裱双灰板或白板，也可用布纹纸或其他特种工艺纸。

印刷：多以 4C+0C 印刷，可印专色（专金或专银）。

后道工艺：有过光胶、亚胶、局部 UV、磨砂、压纹、烫铂（有金色、银色、宝石蓝色等多种色彩的金属质感膜供选择）或过防伪膜（使他人无法仿造）、内盒常用发泡胶裱丝绸绒布、海绵或植绒吸塑等材料。后道工艺多以手工精心制作，选用材料应根据产品需要和档次来选择，具有美观大方、高贵典雅之艺术品位。

五、保健类礼品盒

多采用 157g 铜版纸裱双灰板或白板，也可用布纹纸或其他特种工艺纸。

印刷：多以 4+0C 印刷，可印专色、专金或专银。

后道工艺：有过光胶、亚胶、局部 UV、磨砂、压纹、烫铂（有金色、银色、宝石蓝色等多种色彩的金属质感膜供选择）或过防伪膜（使他人无法仿造）、内盒(内卡) 有模型式和分隔式，模型式常用发泡胶裱丝绸绒布、海绵或植绒吸塑等材料。后道工艺多以手工精心制作。选用材料按产品需要和档次来选择，确保美、观经济实用。

六、普通电子类礼品盒

如手机盒等。材料多采用 157～210g 铜版纸或哑粉纸，裱 800～1200g 双灰板，也可用布纹纸或其他彩色特种工艺纸。

印刷：多以 4C+0C 印刷，可印专色（专金或专银）。

后道工艺：有过光胶、亚胶、局部 UV、压纹、烫铂（有金色、银色、宝石蓝色等多种色彩的金属质感膜供选择）或过防伪膜（使他人难以仿造），内裱纸为 157g 铜版纸，不印刷。

内盒（内卡）：常用发泡胶内衬丝绸绒布、海绵或植绒吸塑等材料。盒开口处嵌入两片磁铁，后道工艺多以手工精心制作。此种造型为书盒式，选用材料按实际产品需要和档次来选择，确保安全防振、美观、经济、时尚。

七、IT 类电子产品

此类品种较多，较具代表性如主板、显卡等。多采用 250～300g 白卡或灰卡纸，四色彩印，裱 W9(白色) 或 B9（黄色）坑。

印刷：多以 4C+0C 印刷，可印专色。

后道工艺：有过光胶、亚胶、局部 UV、烫铂（有金色、银色、宝石蓝色等多种色彩的金属质感膜供选择）或过防伪膜（难以仿造）内盒(内卡) 常以坑纸或卡纸为材料，根据内容物的结构而合理设计。也可用发泡胶、纸托、海绵或植绒吸塑等材料。选用材料应按产品实际需要，确保美观、稳固、经济实惠。

八、大纸箱

作为产品的外包装箱，设计生产上要考虑其包装物在运输方面的安全性，以及产品自身体积重量，根据承受能力选择适当的材料。

印刷：多采用单色，外观设计上可采用企业或产品的标识、名称，还要有安全性标志，图案力求美观大方。

规格：可根据产品及填充物自行设定。

九、植绒吸塑

为产品内包装的填充、固定和装饰物。

规格：可随产品以及外盒的大小而设定。

工艺：有吸塑和植绒等。厚度：0.1～10mm 不等。

第十一节 ///// 印刷

一、关于印刷

1.一般纸张印刷可分为黑白印刷、专色印刷、四色印刷，超过四色印刷为多色印刷。

2.物体、金属表面印刷图案、文字可分为：丝网印刷、移印、烫印（金、银）、柔版印刷（塑料制品）。

3.传统印刷制版一般包括胶印PS版（把图文信息制成胶片）和纸版轻印刷（也称速印）。随着市场的发展，商务活动的节奏和变化越来越快，即时的商务要求，成就了印刷技术的重大变革。商业短版印刷、数码商务快印CTP应运而生（不用制版直接印刷）。

4.文字排版文件，质量要求不高的短版零活印刷，可采用纸版（氧化锌版）轻印刷，节省版费、压缩印刷成本，节约时间，快速高效。

二、常用纸张及特性

1.拷贝纸：17g正度规格，用于增值税票、礼品内包装，一般是纯白色。

2.打字纸：28g正度规格，用于联单表格，有七种色分：白红、黄、蓝、绿、淡绿、紫色。

3.有光纸：35~40g正度规格，一面有光，用于联单、表格、便笺，为低档印刷纸张。

4.书写纸：50~100g大度、正度均有，用于低档印刷品，以国产纸最多。

5.双胶纸：60~180g大度、正度均有，用于中档印刷品以国产合资及进口常见。无光泽，适合印刷文字，单色图或专色，除非特别需要，不适合印刷彩色照片，色彩和层次都跟铜版纸不一样，色彩灰暗，无光泽。

6.新闻纸：55~60g滚筒纸，正度纸，报纸选用。

7.无碳纸：40~150g大度、正度均有，有直接复写功能，分上、中、下纸，上、中、下纸不能调换或翻用，纸价不同，有七种颜色，常用于联单、表格。

8.铜版纸：

普铜：80~400g正度、大度均有，最常用纸张，表面光泽好，适合各种色彩效果。

无光铜：80~400g正度、大度均有，常用纸，表面无光泽，适合文字较多或空白较多的印件，视觉柔和。应避免用大底色，否则失去了无光效果，而且印后不容易干燥。

单铜：80~400g正度、大度均有，卡纸类，正面质地同铜版纸，适合表现色彩，背面同胶版纸，适合专色或文字。用于纸盒、纸箱、手挽袋、药盒等中高档印刷。

双铜：80~400g正度、大度均有，用于高档印刷品。

9.亚粉纸：105~400g用于雅观、高档彩印。

10.灰底白板纸：200g以上，上白底灰，用于包装类。

11.白卡纸：200g，双面白，用于中档包装类。

12.牛皮纸：60~200g，用于包装、纸箱、文件袋、档案袋、信封。

13.特种纸：又称艺术纸，种类繁多，一般以进口纸常见，主要用于封面、装饰品、工艺品、精品等印刷，能满足不同的设计要求。但需要注意的是在特种纸上印四色图，颜色和层次都要受到影响，最好选用颜色鲜艳、色调明快的图片，另外需要注意的是避免用大底色，一方面失去了特种纸的纹理效果，另一方面也不易干燥。

三、印刷纸张常用规格尺寸

1.纸张的尺寸（见第一节 国际标准纸张尺寸规格）

2.纸张的单位：

（1）克：一平方米的重量(长×宽÷2)=g为重量。

（2）令：500张纸单位称：令(出厂规格)。

（3）吨：与平常单位一样1吨=1000公斤，用于算纸价。

四、印前设计的工作流程

1.明确设计及印刷要求，接受客户资料。

2.设计：包括输入文字、图像、创意、拼版。

3.出黑白或彩色校稿、让客户修改。

4.按校稿修改。

5.再次出校稿，让客户修改，直到定稿。

6.让客户签字后出菲林。

7.印前打样。

8.送交印刷打样，让客户看是否有问题，如无问题，让客户签字。印前设计全部工作即告完成。如果打样中有问题，还得修改，重新输出菲林。

五、图像分辨率

高分辨率的图像比相同大小的低分辨率的图像包含的像素多，图像信息也较多，表现细节更清楚，这也就是考虑输出因素确定图像分辨率的一个原因。由于图像的用途不一，因此应根据图像用途来确定分辨率。如一幅图像若用于在屏幕上显示，则分辨率为72dpi或96dpi即可；若用于600dpi的打印机输出，则需要150dpi的图像分辨率；若要进行印刷，则需要300dpi的高分辨率才行。图像分辨率应恰当设定：若分辨率太高，运行速度慢，占用的磁盘空间大，不符合高效原则；若分辨率太低，影响图像细节的表达，不符合高质量原则。

六、专色和专色印刷

专色是指在印刷时，不是通过印刷C、M、Y、K四色合成这种颜色，而是专门用一种特定的油墨来印刷该颜色。专色油墨是由印刷厂预先混合好或油墨厂生产的。对于印刷品的每一种专色，在印刷时都有专门的一个色版对应。使用专色可使颜色更准确。尽管在计算机上不能准确地表示颜色，但通过标准颜色匹配系统的预印色样卡，能看到该颜色在纸张上的准确的颜色，如

Pantone彩色匹配系统就创建了很详细的色样卡。

对于设计中设定的非标准专色颜色，印刷厂不一定准确地调配出来，而且在屏幕上也无法看到准确的颜色，所以若不是特殊的需求，就不要轻易使用自己定义的专色。

[复习参考题]

◎ 什么是国际标准纸张尺寸规格？

◎ 户外媒体有哪些制作方法？

◎ 书籍的开本类型是什么？

◎ 请列举不同类型的包装常用纸张。

◎ 请说明印刷的常用纸张及特性。

[实训案例]

◎ 为王力宏歌曲专辑设计CD盘面及包装。

第三章 形式——美感桥梁

一、本章重点 》

平衡原理、秩序原理、数学法则、破坏原理是本章的学习重点。

一、学习目标 》

通过教学使学生理解多角度剖析美感的传达：平衡原理、秩序原理、生活经验、数学法则、音乐美感、破坏原理等。通过本章的学习使学生能够利用版式视觉元素的组织构建美感。

一、建议学时 》

48学时。

第三章　式——美感桥梁

　　美好的视觉依靠视觉形式来实现，视觉形式是传递信息的美感桥梁。版面形式设计可以依靠人们对世界认识的普遍规律来实现。有些时候我们做设计感觉版面很不舒服，但又不知道该如何调整，实际上就是我们缺少一种依据，一种对美感追求的普遍原理。这一章节，我们对形式原理从不同的几个角度进行总结，目的在于帮助大家寻找一种更为科学的美感桥梁。

第一节　////　平衡原理

　　我们都有这样的体验，走路时不慎绊到，一个跟跄马上就要跌倒，可是在摇晃挣扎几下后，竟然没有倒下去，化险为夷，身体又保持平衡了。这就是人们对平衡的一种本能维护能力。人们力求保持身体的平衡，也成为一种对待视觉的标准。自然科学中的平衡是指物体或系统的一种状态。处于平衡状态的物体或者系统，除非受到外界的影响，它本身不能有任何自发的变化。一个平衡的版式可以看成是由一系列的元素构成的视觉体系，但最终状态可以给人们一种恒久的稳定感。平衡遵循动、等、定、变的原则。动：平衡是动态的。拿一个蓄水池举例，它是有进水和出水的。等：平衡中得到的与失去的总保持相等。就好像进水总等于出水，才能保持水面高度不变。对于平面设计，元素的安排也可以是具有一定趋势的，可以通过形式的设计构成膨胀和缩减的概念，使读者感觉到下一时刻的平衡。定：保持平衡的特点就是平衡总保持稳定。变：当平衡的一边改变时，另一边也会随之改变以达到新的平衡。我们在推敲画面形式的时候，平衡点的两边分量的多少可以通过诸多版式视觉元素来实现：文字的大小、文字的多少、色彩、肌理、动势等，同时平衡点两边的分量还与人的心理联想有关，如电影《骇客帝国》中人物的年龄、性别、阅历、职位，角色的正反都预示了不同的分量感。

　　但是平衡并非是视觉艺术目的，平衡带来的含义是我们更应该关注的。阿恩海姆曾提到"平衡帮助显示意义时它的功能才算是真正发挥出来"。

一、对称

　　人类具有感知世界的意识以来就对世界具有天生的

《骇客帝国》中的人物

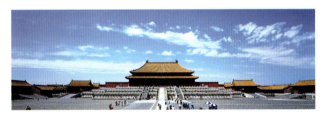
故宫建筑

工业造型

民俗剪纸

民俗剪纸

国徽

模仿能力，人类生活在丰富多彩的世界里，特殊的形态给人一种特殊的含义。人们发现自己的身体、花朵、昆虫的翅膀、动物的身躯等大自然的造物都具有对称的形式，人类本能地追求对称，营造一种顺天的潜在心里暗示。故宫、塔、神像、碑等建筑展示了王权及神权的威严、神圣。对称带来了一种庄重、稳重、安定、完整的感觉。继而在社会造物结构中得以大量发展。建筑的门、窗、院落，汽车、飞机、自行车等交通工具，锅、碗、筷、叉、花瓶等生活用品，双喜、窗花、对联等装饰无不体现对称之美。

解析几何中对称分为点对称和线对称。

1.点对称——如果一个图形绕着点旋转180°后与原图形完全重合，那么我们就称图形是关于定点的对称。

2.线对称——如果一个图形沿着一条直线翻折后图形完全重合，那么我们称图形关于直线对称。

对称指轴的两边或周围形象的对应等同或近似。

对称在实际版式设计应用中的理解：

点对称　埃舍尔作品

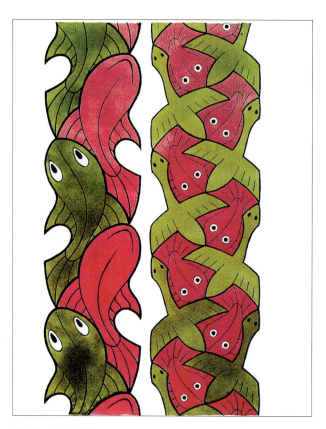

线对称　埃舍尔作品

1.对称是平衡原理中的特殊状态。

2.人们在自然界中对对称的理解，普遍认为是沿垂直轴左右对应的关系。沿水平轴上下对应常常被理解为倒影、镜象。

3.版式设计中的对称强调的是一种格式的等同即框架的对应，而不是数学中的严格——对应。

4.对称也是一种特殊的重复。可以理解成复制→平移→翻转。

5.中心对称版式是特殊的对称形式，有两条以上的对称轴。

6.单调的对称形式并非能得到美感。对称是诸形式美感中的重要语素。

7.古典著作、经典文献、官方文件、政治文稿多采

MUDC DESIGN workshop　海报

海报

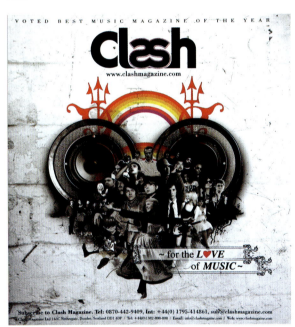

海报

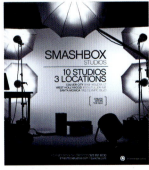

页面设计

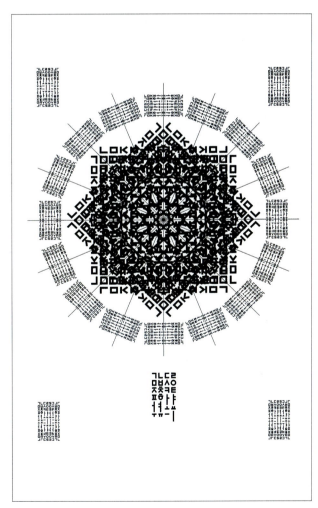

安尚秀　海报

取对称形式，塑造严肃、严谨的气氛。

二、力场

版式设计的视觉是由众多力复合下的平衡。力的共同作用，你争我抢构成了戏剧化效果。版式形态的艺术性就取决于这种"剧情"的丰富性。作为设计师应该很好地安排我们的演员，通过它们矛盾的冲突，演绎缔造我们的视觉舞台。在安排它们在什么位置做什么之前，我们必须深刻地认识它们。

对物理学中力的感受，版式设计不像自然科学那样准确无误的计算，但是人们对自然理解的经验为视觉艺术提供了依据。普通的人都生活在自然物理规律下，通过将物理规律的视觉转化，形成了符合人们经验的共鸣。在形式表现中，需要设计师对抽象的字、图、空间有符合逻辑的心理判断。

页面中视觉力的产生有以下规律。从一个矩形空白页面开始，四个边限定了页面的区域。在这个范围里我们会本能地极力寻找特殊点。连接对角线产生交点，我们寻找到第一个特殊点——几何中心点。这里的四个边及几何中心点是我们最应该关注的位置，是力集中体现的位置。

思考元素以不同位置放置所产生的力的感受。

当元素安排在底边边线附近
当元素安排在顶边边线附近
当元素安排在左边边线附近
当元素安排在右边边线附近
当元素以特定形式排列所产生的力的感受。

当元素安排在几何中心点附近，几何中心点就像是一个平衡的支点，元素越靠近支点越稳固，越远离支点越显元素的重量感加强。这也是判断元素重力感觉强弱的一个标志点。

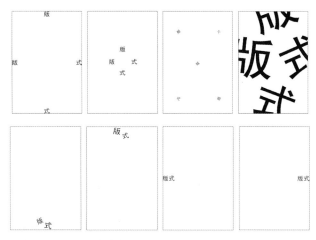

元素以不同位置放置力的变化

元素以不同位置放置力的变化

元素以不同位置放置力的变化

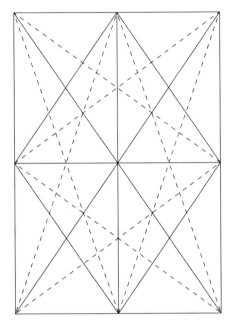

版面结构分析

版面中视觉中心并非和几何中心重合，视觉中心往往是处于略高于几何中心点的位置。

解释一：

几何中心点是一个判断元素重量感强弱的参考点，人们潜意识里具有预示运动趋势的能力。当元素受重力影响一定会下落，在它即将落在几何中心的位置前是最稳定的，假若未判断提前量，下一时刻会落在几何中心点之下，失去平衡。

理解二：

当我们置身于没有栏杆的高楼或悬崖的边缘时，会产生一种本能的不安感。我们情不自禁地蹲下。当我们分别坐在飞驰转弯的小面包车和轿车里，会感觉轿车安全得多。由此可以判断，人们心理认可"下"比"上"重一些，可以带来更多的安全感。所以我们目测一个垂直线段的中心时，都会比真正的中心略高一些。

版式设计是视觉艺术，在判断审美标准时目测的视觉中心要比工具度量的几何中心更具有意义。

反之，对于版面上下分量的安排，我们会将下部分安排的略重于上部分。

学生拼贴　　　　学生拼贴

学生拼贴

学生拼贴　　　　　　学生拼贴　　　　　　海报

插图　　　　插图　　　　页面设计　　　　海报

电影海报　　　　　　电影海报　　　　　　电影海报

三、均衡

均衡指在假定的中心线或支点的两侧，形象各异而量感等同。

若对称可以理解为一种机械的、原始的平衡，那么均衡就灵活许多。价值观念、心理变化、生活经验等构建了人们微妙的对量感判断的尺度。在理想条件下，普遍规律如下。

1.版面的左右分量。由于人们普遍的右手习惯，右手可以承担了比左手更重的支撑力。版面右侧安排的量感略重一些也理所当然。

2.版面的上下分量。由人们对视觉中心的理解（见上一节），所以下半部分安排略为重的量感是平衡的心理判断。

3.个体数量多少的量感判断。数量越多，量感越重。

4.大与小的量感判断。体积越大，量感越重。

5.形状的量感判断。规则几何形重于无规则形。

6.色彩的量感判断。低明度的重于高明度的。低纯度的重于高纯度的。冷色的重于暖色的。

7.肌理的量感判断。粗糙的重于光滑的。密集的重于疏松的。坚硬的重于柔软的。无序的重于有序的。

8.特殊与一般的量感判断。特殊的重于一般的。

9.运动的与静止的量感判断。静止的重于运动的。

10.动势的量感判断。动势的起点重于动势的方向。

视觉艺术中的"动势"还会产生"动势重力"，动势可以使重力加大。动势表现物体的运动方向，既表现为画面中形体的运动趋势，也体现在笔触、肌理的表现上。

11.人与物的量感判断。人重于物。

12.物与物的量感判断。高等动物重于低等动物。动物重于静物。静物重于风景。

13.人与人的量感判断。年长的重于年轻的。正面角色重于反面角色。男性重于女性。能力经验强的重于能力经验弱的。身份显贵的重于身份平庸的。

14.关于均衡与不均衡的相对性。我们做一个实验：对比自己的照片和镜子中的形象。认为镜子中的自己更加"正确"，而照片或者DV中的自己显得十分陌生，不自然。我们习惯了的是镜子中的形象，认为那是均衡的，当发生左右颠倒后就成了新的画面，失去了原有的平衡，所以我们感觉不自然。艺术史论家沃尔夫林认为："如果将一幅画变成它镜子中照出来的样子，那么这幅画从外表到意义就全然改变了。"人们在观看一幅画的时候总是习惯于从左到右，当左右颠倒时，均衡有可能变为不均衡。

意大利著名建筑师鲁诺·塞维认为："对称性是古典主义的一个原则，而非对称性是现代语言的一个原则。"现代版式设计形式中，均衡的大量使用取得了主导地位。不对称结构冲破对称的布局，使版面更趋于自由形式。

阿奈特·兰芷　海报

David Montinho Vilas boas　页面设计　　　页面设计

海报　　　　　江苏艺术职业教育集团　名片　　　　MUDC DESIGN workshop　海报

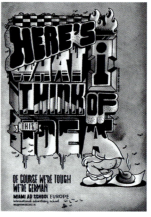

雷又西　《狂热者》海报　　　海报　　　　　　海报　　　　　　海报

第二节 ///// 秩序原理

在日常生活中我们都有这样的体会，生活用品杂乱的摆放不仅浪费空间而且不便查找，使人心情低落。整齐有序的摆放，既方便又美观。格式塔心理学中提到相似性原则，即相同或相似的形象在组合时容易获得整体感，并且弱化视觉引起的心理紧张。中国有句老话："人以类聚，物以群分。"当我们将设计元素进行整一化、秩序化的排列后，能够给人一种愉悦的心理感受。我们在进行版式设计时，要表达的信息内容多少不一，这就需要设计师能够进行视觉化的处理，进行有目的的传达。

秩序性

一、重复

重复指不分主次的反复并置。可以理解为多次拷贝后排列的结果，元素排列的距离方式一致。人们去阅读一个重复形式，通过了解排列就可以把握住视觉的全部。阅读的过程得到了两个关键信息：一、并置的结构框架。二、单个形体。阅读变得十分有序，可以在短时间内得到全部信息量，形成了明确的语义传达。

重复的形式导致了图案化的艺术效果，将单个形体特征弱化，变成了整体的微小一部分。单个形体所承担的信息含义变得微不足道，形成了一种整体装饰视觉效果。在阅兵式上，观看通过天安门广场的队列时，我们得到的信息是"一支整齐的队伍"，而不是"某人的五官很端正"，就是由于重复所带来的弱化个体含义的效果。

埃舍尔 《对称画》

埃舍尔 《对称画》

苏格兰科学家大卫·布鲁斯特1818年发明的万花筒，利用成60°角的三片矩形镜面进行无限复制单位图形而形成一个新的图像。哪怕是毫无美感的碎彩色纸片，经过无限的重复后也得到了美丽的令人遐想的奇异图像。将本来有限的设计元素，变成了空间上无限扩展的图像。

二、渐变

渐变指元素的逐渐改变。在渐变的过程中，改变是均等的，这一过程离不开重复。渐变是特殊的重复。渐变的过程很重要，改变的程度太大，速度太快，就容易失去渐变所特有的规律性，给人以不连贯和视觉上的跃动感。反之，如果改变的程度太慢，会变生重复之感，但慢的渐变在设计中会显示出细致的效果。

版式设计中渐变可以分为形态的渐变和色彩的渐变。

奥地利物理学家施米德从以下几个方面诠释了渐变：单元素的逐渐加宽；逐渐的倾斜变化；单元素的逐渐缩减；单元素的逐渐位移；逐渐的角度变化；以上5种的任意组合。

色彩的变化可以分为色相、明度、纯度所形成的变化。

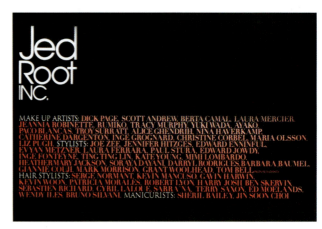

页面设计

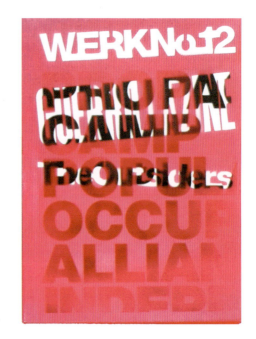

埃舍尔作品

海报

埃舍尔作品

三、方向

　　方向指正对的位置和前进的目标。方向的指引在版式设计中具有引导视线的作用。就像电影中的时间轨迹一样，读者阅读版面时视觉及心理的变化轨迹也是具有一定引导意义的。人眼在阅读时只能有一个视觉焦点，阅读过程中视觉有自然流动的习惯，也就形成了一个阅读顺序，体现出一种比较明显的方向感。这种视觉的前后关系就是视觉流程。

　　视线的流动方向具有一般性规律：由大到小，由动到静，由特殊到一般等。

　　版面中最基础的形态源于点，点的移动形成了线，线具有方向性。可以概括为水平方向、垂直方向、倾斜方向。

　　在具体设计中,方向的灵活使用具有视觉引导作用,如图封面勒口"4"图形指引的方向正好是读者即将打开书阅读的方向，起到了暗示翻开书页进行下一步阅读。

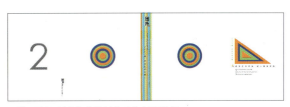

吴烨　2004 学生毕业设计作品集封面设计

海报

海报

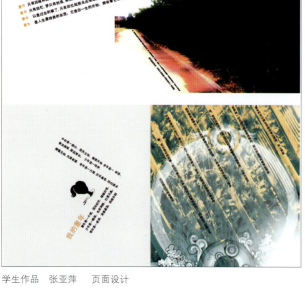

艺术设计

学生作品　张亚萍　页面设计

页面设计　　　　　　　　　　　学生拼贴

页面设计

插画

四、对齐

对齐指使两个以上形态配合或接触得整齐。在版式设计中，对齐可以确定形态的位置，使我们的阅读沿着稳定的视线移动，具有秩序性。需要注意由于要对齐的元素形状会有差异，在几何对齐后会感觉具有误差。版式设计中真正的对齐应该是一种视觉的对齐。

起始的对齐；结束的对齐；上边的对齐；下边的对齐；中轴线的对齐；以上几种对齐的混合表现。

海报

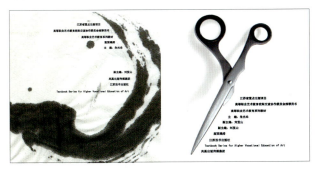

学生作品　杨洋　页面设计

页面设计　　　　　　　　　页面设计

ICON　歌舞剧海报

五、间隔

合理的间隔可以带来井然有序的版面效果。间隔也可以理解为距离，它是一种心理上的亲近程度。据说，两个陌生人的距离是1米以外，一般朋友的距离在0.5米左右，好朋友的距离在0.1米，爱人的距离为0。间隔可以表现出版面中各元素之间的关系。

页面设计

Nidlaus Troxler《Jazz音乐会》海报

六、分割

分割指整体切割为部分。这里的整体和部分是相对的，对于一张海报，它的整体可以是一张纸，通过分割有的地方我们限定安排文字，对于安排文字的部分，我们又可以再次分割成不同内容的文字，有标题、正文、重要信息、解释说明、英文对照等。第一次分割的部分是下一级分割的整体。所以分割是相对的，可以无限地进行下去。但是合理的设计并不是将分割"进行到底"。有尺度的分割可以产生秩序性，过细的分割反而过犹不及。好的版面分割是版式框架构成的第一步。

对于版面的分割，我们可以依据两个原则：

1.审美性

杂乱无章的分割必然会产生琐碎无理的感觉。分割必须是有意识的设计行为才能产生美。

等形分割；等量分割；数列分割；感性分割。

2.功能性

分割不是为了分而分的，形式必然和功用联系起来。分割后的部分，必须承担一定的意义。在分割后的区域里我们设计什么样的文字、什么样的图形都应该有所考虑。假如我们要安排的图片是16张我们分割的部分就必须可以正好放下16张。如果我们需要留出一个标题区域，那我们可以分割17份。

《破攻》 NIKE

页面设计

页面设计

页面设计

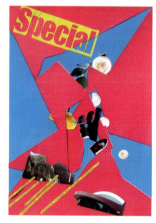

学生拼贴　　　　　　　　　　学生拼贴

七、统一

统一是指构成要素的组合结果在视觉上取得的稳定感、整体感和统一感，是各种对立或非对立的形式因素有机组合而构成的和谐整体。美国建筑理论家哈姆林指出："最伟大的艺术是把繁杂的多样变成最高度的统一。"版面设计也要求有整体感，保持风格上的一致。根据总体设计的原则来把握内容的主次，使局部服从整体。版面各视觉要素间要能够形成和谐的关系，而不是孤立地存在。在设计中要突出核心元素，使标题的长短、字号的大小、字体的区别、栏宽的差异、组合的主次等各个部分的特征得到体现，形成统一的整体感。

页面设计

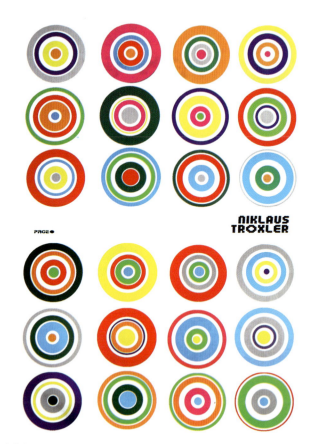

书籍封面

系列海报

系列海报

盘面设计

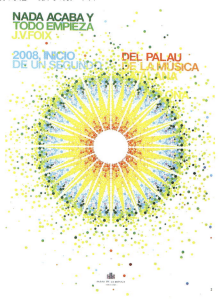

学生作品　孙海艳　《折子戏》卡片

海报

第三节 ///// 生活经验

人类认识世界是从实践开始的，身体的构造及生活习惯决定了我们特有的视觉思维模式。所谓的"本能"、"直觉"其实是一种必然结果。通过制造"陷阱"使读者落入我们的 "圈套"。

一、透视

透视可以简单地理解为在二维平面上表现三维空间。

1.中国有句话"一叶障目"，这是人们生活中眼睛对近大远小的判断。近＝大，远＝小，所以大＝近，小＝远，人们很自然地理解为大小是判断远近的一个依据。

2.当人们看东西看不清楚的时候，会很自然地走近去看，甚至拿在手里仔细端详。人们的经验这样认为：近＝清晰，远＝模糊，所以清晰＝近，模糊＝远。这里的模糊和清晰指轮廓的精细及色彩的艳丽。清晰与模糊是判断远近的另一个依据。

3.物体受光，产生明暗变化形成体积感。离我们眼睛近的感觉层次丰富，远的明暗感觉比较弱。所以，层次丰富＝近，层次贫瘠＝远。

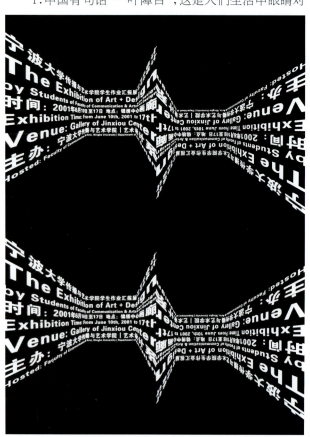

蒋华 《宁波大学学生作品展》海报

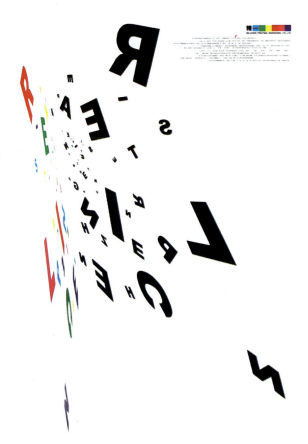

海报

二、右手习惯

右手比左手更经常的偏重使用习惯称为右手习惯。

20世纪80年代初，美国纽约州立大学的科学家彼得·欧文博士在研究病理学现象时发现，左撇子极容易染上某些免疫疾病，他据此大胆假设左撇子的免疫能力低下，并进行实验。当对包括12名左撇子在内的88名实验对象用了神经镇静药物之后，发现几乎所有左撇子的脑电图都表现出极强烈的大脑反应，有的甚至看上去像正在发作的癫痫病患者，并出现了精神迟滞和学习功能紊乱的症状。根据这个实验结果，欧文推断，在人类祖先尚处在以草料为食的时代时，常常误食内含有与神经镇静剂相类似的有毒植物，由于右撇子对有毒物质的

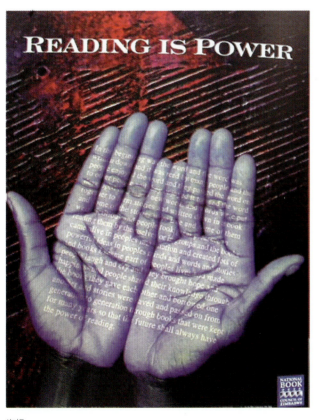

海报

学生作品　毛晨燕　手拎袋　　　海报

忍受力要比左撇子强得多，所以，右撇子在自然界中也就理所当然地具有更强的生存能力。右手成为大多数人的行为习惯，大多数国家在社会公共秩序及产品设计中也以右手习惯作为标准。

据英国《FHM》杂志数据显示，每年有2500个美国左撇子因为无法适应右撇子们的规则的生理原因被夺去生命。我们可以做个实验，拿起一把剪刀剪你右衣袖上的脱线来试试，生命危险是没有，划道伤口还是有可能的。所以我们必须顺从大众习惯在版式设计中通过对右手关系的强调来完成我们的设计表达。

三、书写、阅读习惯

人们从左到右、从上至下依次书写、阅读时的习惯称书写、阅读习惯。

1.中国传统书籍的排版方式是从上至下、从右向左

从汉字的书写方式来看是最适合竖行书写的。在竖行书写的方式下，汉字写起来流畅连贯，有一气呵成之势，横行书写则容易出现停顿现象，难成气势。所以，书法作品大都是竖行书写的，偶见横行作品，其艺术性也往往比不上竖行作品。其原因是汉字发展过程中自然而

然地形成了适合竖行书写的特点。汉字由横、竖、撇、捺、折五种基本笔画组成，这些笔画互相交错进行二维布置。写汉字时，总是由左角或上面起笔，收笔处大致可以分为两大类，一类是在右上角补上一点，或向右上提笔带出弯钩，这类字适合在右边横着写下一个字，但其仅占汉字的少部分；另一类是在右下角或下面收笔处，或者收笔于中间，这类字适合在下面竖着写下一个字，占汉字的大部分。

下面我们来分析古人换行的问题。这是由简策的特点决定的，向左换行要求简策自右向左卷起，写满字的简条可以很方便地在左手指端处卷出，要查看前文时只需持刀或笔的右手手腕抬起卷出的简条即可。由于这一点，决定了古人向左换行的书写习惯。

2.现代科学排版方式从左到右、从上至下

据记载，1955年1月1日，《光明日报》首次采用把从上到下竖排版改变为横排版，并刊登一篇题为《为本报改为横排告读者》的文章。著名学者郭沫若、胡愈之等积极响应。

从左到右、从上至下的排版习惯是具有以下科学性的。

（1）横版的科学性。人类的眼睛左右视角为120°，上下视角为90°。横看比竖看要宽，阅读时眼和头部运动较小，省力，不易疲劳。有人专门做了一项实验，挑选10名优等生，让他们阅读从同一张《中国青年报》上精心选择的抒情短文。结果差距明显：横排版的阅读速度是竖排版的1.345倍。

（2）从左到右的科学性。单个字的书写顺序是自左

学生作业

诗文自由编排　　学生拼贴

学生作品　眭菊香　页面设计

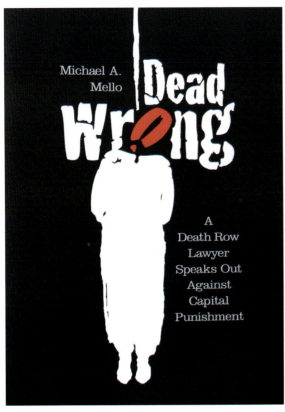

海报

Like their predecessors, but with a far less political and militant approach, the stylepress stretch the frontiers of content compared to the "story-" and news-based mainstream titles. They continue to challenge the limits of what is "possible" and acceptable in order to have their voices "heard." Timeliness is not as important as creating something (a collection or a single piece) that will be relevant today, two years ago, and ten years from now. // Though these categories are the same as they have been for years the treatment is not: the photography of *THE PHOTO ISSUE*, *crème*, and *BRANSCH*; the artistry of *PERMANENT FOOD*, *rojo*, and *Faesthetic*; the fashion of *doingbird*; the culture of *blag* and *THE COLONIAL*; the objects of *carl's cars*, *Our Magazine*, and *FOUND*; the sex of *Richardson* and *DELICIAE VITAE*; and the texts of *The Illustrated Ape* and *THE PURPLE JOURNAL*.

Why are magazines created to be disposable?

页面设计

向右的，如果顺序相反，那么先写出的部分就会被笔尖遮住，从而导致不容易把字写漂亮。

(3)这种排版方式可以和各种数、理、化公式、拉丁字母文字的排版习惯相统一。拉丁字母单词、阿拉伯数字如果竖排很难识别，不符合视觉习惯，必须横排。

(4)可提高纸张利用率。

四、思维惯性

惯性思维，指人习惯性地因循以前的思路思考问题，仿佛物体运动的惯性。惯性思维常会造成思考事情时有些盲点，且缺少创新或改变的可能性。给大家讲三个生活中的故事来进行理解。

故事一，很多人小时候玩过这样一个游戏：你先不停地说"月亮"，别人问："后羿射的是什么？"你肯定会不假思索地说"月亮"。

故事二，有一个学者给他的学徒们讲了一个故事：五金店里面来了一个哑巴，他想买一个钉子。他对着服务员左手做拿钉子状，右手做握锤状，用右手锤左手。服务员给了他一把锤子。哑巴摇摇头，用右手指左手。服务员给了他一枚钉子，哑巴很满意，就离开了。这时五金店又来了一个盲人，他想买一把剪刀。这时，学者就

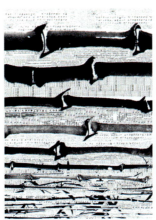

韩家英 《融合》 海报

埃舍尔作品

埃舍尔作品

问：这个盲人怎样以最快捷的方式买到剪刀呢？一个学徒说，他只要用手作剪东西状就可以了。其他学徒也纷纷表示赞成。学者笑着说，你们都错了，盲人只要开口讲一声就行。学徒们一想，发现自己的确是错了，因为他们都用惯性思维思考问题。

故事三，有一个科学家做了一个实验：他请了50名志愿者看房间内所有蓝色的物体30秒。然后请他们闭上眼睛，问他们看到了多少个红色的物体、绿色的物体和黄色的物体。这下他们都傻眼了，因为他们只专注蓝色的物体，没有专注其他颜色的物体。

五、吸引

吸引指的是人对于事物所抱的积极态度。具有吸引元素的版面更容易得到读者的关注。

生理吸引：异性形象的吸引。

海报

拜金吸引：金钱形象的吸引。

摄影

电影海报　　　　　　　　　　电影海报

新异吸引：新奇、怪异形象的吸引。

爱好吸引：自身兴趣的关注性。

电影海报

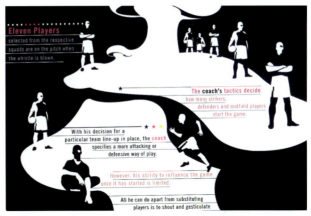

页面设计

页面设计

第四节 ///// 音乐美感

一、节奏

节奏是指音乐运动中音的长短和强弱阶段性的变化。节奏离不开重复。音的高低、轻重、长短、音节和停顿的数目，押韵的方式和位置、段落、章节的构造都可以运用重复形成节奏变化。

自然界中充满节奏，山川起伏跌宕、动植物生活规律、生老病死、太阳黑子活动周期、公转自转、四季的更替，昼夜的交替。人类身体的各种反映，如孩子的啼哭，走路时手臂不自觉地前后摆动，在书写时指与腕的移动，也都具有简单的规律和节奏。

在版式设计中，字、词、句、段落、篇章、色彩、肌理等视觉的组合都可以构成丰富多彩的节奏形式。

页面设计

页面设计

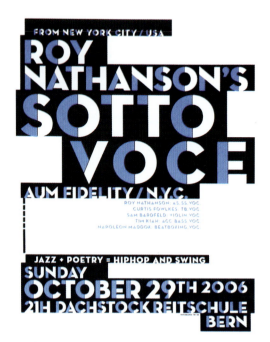

海报

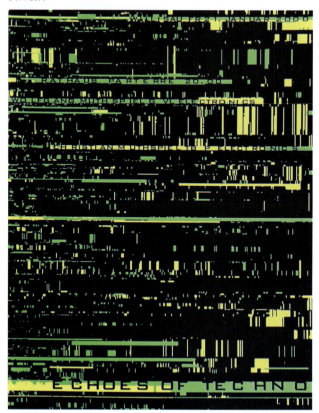

海报

海报

学生拼贴

孙奕沁　学生拼贴

孙奕沁　学生拼贴

二、韵律

韵律指音乐中的声韵和节律，诗词中的平仄格式和押韵规则。音乐中的韵律包括语言的腔调、声音的高低、语势的轻重缓急和声调的抑扬顿挫。诗词中韵律指：①平仄，主要是讲究平声和仄声的协调。②对偶，在韵文特别是格律诗中，对偶的工巧是要求比较严的，诗词中一般是句对，在赋和八股文中还有多句对和段对。③押韵，指同韵的字在适当的地方（如停顿点），有规律地重复出现。在版式设计中，通过图文的面积、体量、疏密、虚实、肌理、重叠等变化来实现韵律。

思考：根据诗词进行视觉化具有韵律感的排版。

1.《天净沙·秋思》（元）　马致远

枯藤老树昏鸦，小桥流水人家，古道西风瘦马。夕阳西下，断肠人在天涯。

2.《声声慢》（宋）　李清照

寻寻觅觅，冷冷清清，凄凄惨惨戚戚。乍暖还寒时候，最难将息。

三杯两盏淡酒，怎敌他、晚来风急？雁过也，正伤心，却是旧时相识。

满地黄花堆积。憔悴损，如今有谁堪摘？守着窗儿，独自怎生得黑？

梧桐更兼细雨，到黄昏、点点滴滴。这次第，怎一个愁字了得！

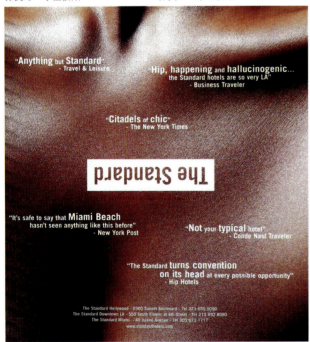

页面设计

可口可乐 logo

吴烨 海报

海报

海报

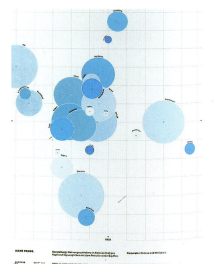

海报

海报

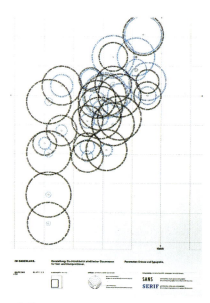

海报

三、织体

织体指多声音乐作品中各声部的组合形态，包括纵向结合和横向结合关系。

Niklaus Troxler 《Jazz 音乐会》 海报

Niklaus Troxler 《Jazz 音乐会》 海报

Niklaus Troxler 《Jazz 音乐会》 海报

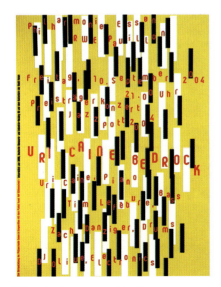

Niklaus Troxler 《Jazz 音乐会》 海报

Niklaus Troxler 《Jazz 音乐会》 海报

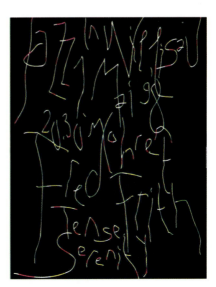

Niklaus Troxler 《Jazz 音乐会》 海报

四、旋律

韵律指声音经过艺术构思而形成的有组织、有节奏的和谐运动。它建立在一定的调式和节拍的基础上，按一定的音高、时值和音量构成的，具有逻辑因素的单声部进行。

Niklaus Troxler 《Jazz 音乐会》海报

Niklaus Troxler 《Jazz 音乐会》海报

Niklaus Troxler 《Jazz 音乐会》海报

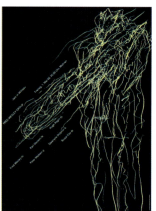

Niklaus Troxler 《Jazz 音乐会》海报

页面设计

页面设计

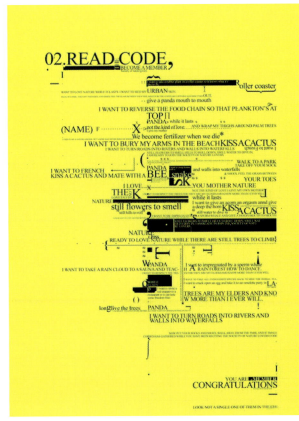

Brechbuhl Erich　海报

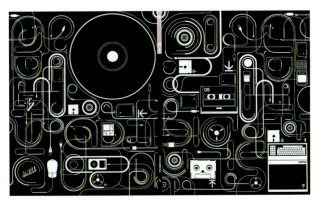

页面设计

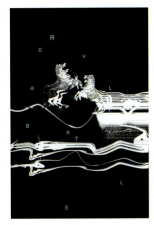

Stefan Lucut　海报

海报

第五节 ///// 数学法则

一、数列及几何形

数列关系产生了各部分之间的对比程度。古希腊毕达哥拉斯学派认为数学的比例关系决定了事物的构造及事物之间的和谐。提出"黄金分割",其比率是1:1.618。等比数列、等差数列也可以形成特殊的和谐关系。

一些特殊的数列:

a、 a+r、a+2r、……a+(n-1)

1、2、3、5、8、13……p、q、(p+q)

海报

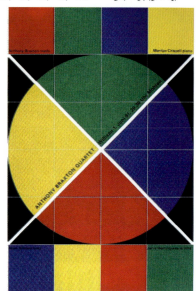

海报

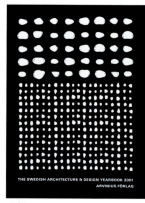

海报

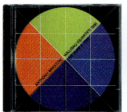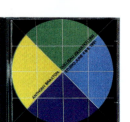

光盘

海报

海报

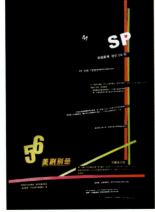

学生拼贴

二、加法（本知识点侧重设计方法）

在进行版式美感构筑的时候就像是盖房子，一块材料一块材料地添加。我们把这种行为理解是加法。在"加"之后使单位元素变成整体的一部分，而不是割裂的一块。如果我们的作品在完成后，仍然感觉空洞、单薄，即使不需要再添加内容，我们也可以在形式上添加，给以视觉的饱满感。在进行加法设计的时候要注意形式语言明确，元素之间的内在联系清楚，重点突出等方面思考。

解决问题：版面"空""单调"

三、减法（本知识点侧重设计方法）

当设计师一味追求视觉的丰富性时，往往会忽视版面空间气息的流动、节奏的变化及视觉整体感受。这时候我们需要减去一些多余的元素，尽可能地把不必要的元素去掉，以求简洁、明了。减法和加法贯穿于设计行为全过程，往往是多一分显挤，少一分显空，设计师需要不断地推敲，达到最完美的境地。

解决问题：版面"满""堵""矛盾""含糊"" 冗繁"

四、乘法（本知识点侧重设计方法）

乘法指版式中"复制"，"复杂化"的使用，目的是"繁化语言"。 版式设计中，当要传达的信息内容少时，我们会利用形式尽可能地使画面丰富，塑造复杂的视觉形式。我们需要利用一些形式技巧进行抽象表现，以削弱"空"的内容感受，使视觉感觉"多"。

五、除法（本知识点侧重设计方法）

除法指版式中的"概括""归纳""简化语言"。 当要传达的信息内容多时，我们会进行秩序化的设计，尽可能地使画面单一，显得"少"。把多个元素、多种形式归入一个比较接近的范畴，以提升整体感，形成统一性。

可以从以下几方面进行除法设计：

（1）色彩除法：把同类色进行概括，减少变化。也可以把对比色进行同化，减弱对比，形成一致感。

（2）手法除法：把形式语言特点进行归纳，表现手法进行同化，形成一致的语言格调。

（3）形态除法：把形状、面积、大小、方向、位置进行统一化的处理。

六、相切（内切、外切）、相交、包含、相离

版式设计元素之间的位置关系

多媒体视觉

多媒体视觉

多媒体视觉

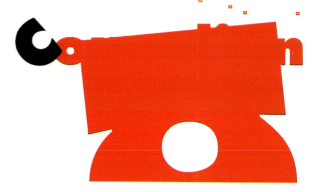

多媒体视觉

七、"1+1 ≠ 2"（本知识点侧重设计方法）

根据格式塔心理学，两个形态的叠加并不等于它们分别传达含义的总和。即视觉整体不等于各个元素的相加。在进行版式设计时有"一动百动"的特点。当我们进行设计修改时，一个元素位置的改变，本来均衡的画面就失去平衡，需要牵动更多元素的调整。

第六节 ///// 破坏原理

戏剧剧情的发展需要矛盾来推进，版式设计也是如此。当我们的画面非常"完美"时，实际是呆板、无生气的表现。好的版面应该活泼、自由，充满对旧事物、旧形式的破坏。以下几种破坏方式是对前面形式法则的进一步理解。

一、对平衡的破坏——动势

平衡的版式是稳定的、恒久的，但是也缺少刺激的感受，缺乏时尚性、动感性。我们要尝试打破这种平稳形成新视觉版式。

Johngodfrey 海报

电影海报

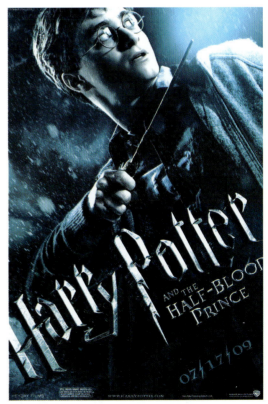

电影海报

电影海报

电影海报

EASYSCRIPT , German

二、 对重复、渐变的破坏——异变

在重复形式中会失去视觉流动，俗称的"花眼"就是因为无法把握阅读重点造成的心理紧张。通过异变的处理，阅读变得有重点，而不是眼睛游离在画面中不知要看什么。

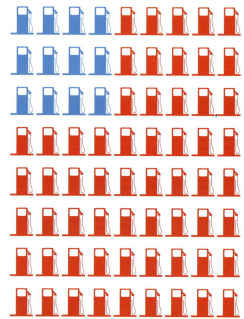

海报

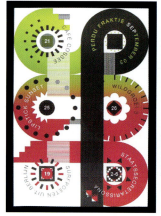

系列海报

三、对方向的破坏——"角"

当版面中出现方向不一致的形式时，便形成了"角"。人的视线会向两个方向相交的点移动，然后停留

片刻继续向"角"指引的方向前进。这就形成了视觉流动变化。相交产生的角度越小其指向性就越强，相反"十字"相交产生的视觉引导最弱，但图式矛盾性最强。

Niklaus Troxler 《77—99海报巡回展》海报

Niklaus Troxler 《Jazz音乐会》海报

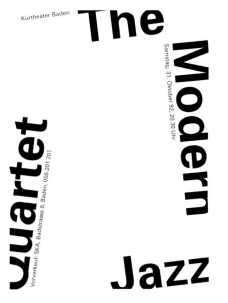

海报

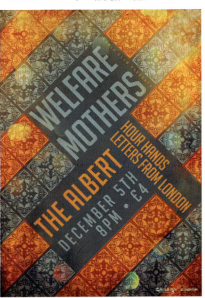

海报

海报

四、对逻辑空间的破坏——空间混淆、矛盾空间

不符合逻辑的正负叠加图形，不符合透视规则的形式都属于对逻辑空间的破坏，可以形成新异的视觉吸引。

Niklaus Troxler 《Jazz音乐会》海报

埃舍尔作品

埃舍尔作品

埃舍尔作品

海报

五、对"平涂"的破坏——虚实、疏密

虚实是指艺术作品中所呈现出的清晰与模糊、明确与含混的关系，也指空间的有与无的关系。疏密指视觉艺术中形象的组织或元素的组合在空间位置的聚散关系。版面中视觉元素的处理手法较单一时，可以采用虚实、疏密来破坏呆板的局面。

一般来说，近处的物体实，远处的物体虚；刻画具体的实，描绘含混的虚；对比强烈的实，对比微弱的虚；静止的物体较实，运动的物体较虚。在版式设计中，文字表现为实，空白表现为虚；黑色一般为实，白色一般为虚。

疏具有空阔、平静感，密具有丰富或拥挤、紧张感。一般来说，元素集中则密，元素稀少则疏；分割较细则密，块面较大则疏；细节丰富则密，细节较少则疏；纹样繁多则密，纹样舒展则疏；肌理纹路清晰、排列紧凑则密，肌理纹路模糊、排列松散则疏。

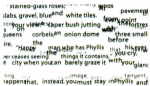

多媒体视觉

装置设计

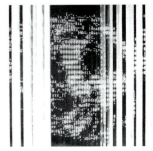

装置设计

海报

王序　海报

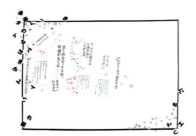

学生拼贴　周蓉

何见平　海报

学生拼贴

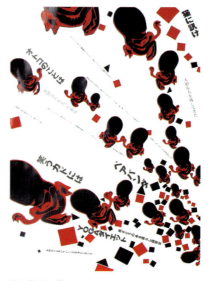

学生拼贴　蒋敏

海报

海报

六、对统一的破坏——对比

所有元素彼此和谐相处的效果叫统一。运用对比来破坏统一的形式，形成趣味的视觉变化。对比指两个在质或量上都截然不同的构成要素，同时或继时地配置在一起时，出现的整体知觉上加大相互间特性差的现象。在视觉艺术中，对比可以增强不同要素之间所具有的特性，形成张力，打破呆板、单调的格局，通过矛盾和冲突，使设计更加富有生气，产生明朗、肯定、强烈的视觉效果，给人深刻的印象。这种相互对立性质的要素，从形式上可以分形状、色彩、肌理、手法等，在心理上形成冷暖、刚柔、动静、轻重、虚实等感觉。形的对比包括点的大小、线的长短、粗细、曲直对比，面的大小对比，形状的方向性对比，动态形与静态形的对比以及各种元素组织上的虚实、疏密对比等。版式设计中的字体大小对比，字可以大到一整面，也可小到一个点，大小组合是自由的。

海报

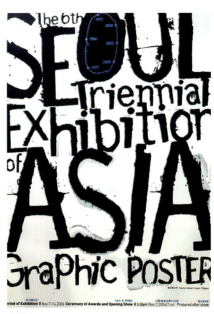

海报

页面设计

电影海报

页面设计

编排视觉

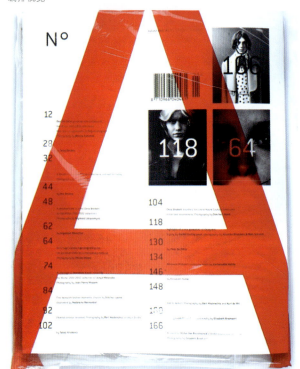

页面设计

电影海报

电影海报

七、对尺度的破坏——"大"与"小"的感受

尺度是指某种物的大小、尺寸与人相适应的程度。我们有时候需要打破正常的尺度感受，形成"大""小"不同的感受，以获得美感。

页面设计

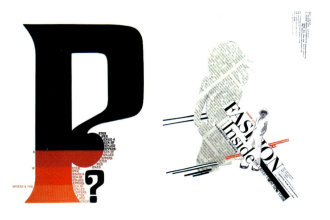

海报　　　　　　　　学生拼贴

安尚秀　海报

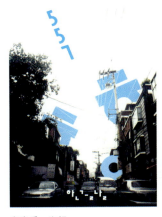

安尚秀　海报　　　　安尚秀　海报

学生拼贴　吴一清

八、对完美的破坏——残缺之美

　　如果事事都能完美的话，你会发现这并不会很美好。只有在一幅图画中有疏漏之处，才能体现出复杂之处绘描的巧妙。只有在歌曲中有细微的低声，才能烘托

页面设计

页面设计

出高潮时的美妙。高潮需要低谷作为铺垫，一切的完美都在不完美中形成。在自然界，风总是在最温柔的时候醉人，雨总是在最纤细的时候飘逸，花总是在将凋零的时候令人怜爱，夜总是在最深冷的时候使人希冀。版式设计中，我们会把完整的形式进行破坏以求自然之美。

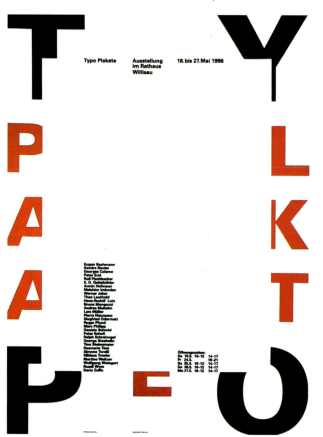

海报

页面设计

海报

页面设计

蒋华 《苏州印象》

蒋华 《苏州印象》

九、对常规状态的破坏——反常态

我们运用不符合逻辑的视觉效果、不寻常的表现形式进行设计，产生奇趣的效果。打破正常情况下人们对世界的认识，比如正反、质感、空间、顺序、因果等。

页面设计

页面设计

学生作品　屈牧　页面设计

海报

海报 海报

海报

海报

海报 海报

第七节 ///// 本章综述

　　好的版式设计总是赏心悦目，其依靠的是形式美感，本章节介绍了一部分版式设计中比较实用的形式设计技巧。许多形式原理之间处于流通的关系，就像我们生活中的事物一样，统一于一个整体的世界系统之中。例如节奏中蕴涵着重复，方向中也蕴涵着平衡等原理。一幅版式作品，其形式是诸多形式法则的综合，我们要灵活地去使用这些原理。

电影片头

电影片头

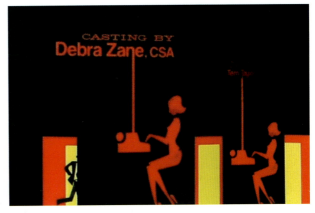

电影片头

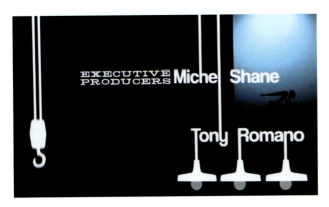

电影片头

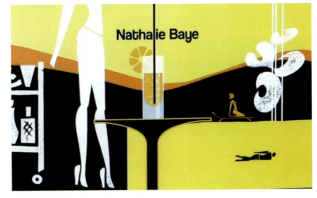

电影片头

电影片头

页面设计

页面设计

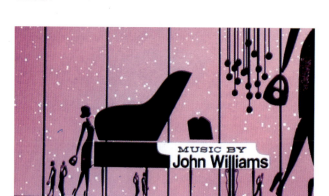

电影片头

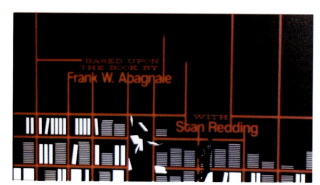

电影片头

[复习参考题]

◎ 什么是形式美法则中的平衡原理、秩序原理?

◎ 什么是虚实、疏密?

◎ 渐变的形式有哪些?

[实训案例]

◎ 请运用"0~9"作为元素分别制作"秩序原理"中的形式法则。

　　要求:电脑形式排版,尺寸A4,使用软件Illustrator。

◎ 使用从报纸、杂志上裁减下来的文字、图片在32K卡纸上进行拼贴练习。

　　要求:分别表现"音乐美感"中的形式法则。

◎ 综合形式训练:以《时间》为主题,元素和设计方法不限,重点表现形式美感。

　　要求:尺寸A0,电脑制作,软件不限,出图。

第四章 版式网格设计

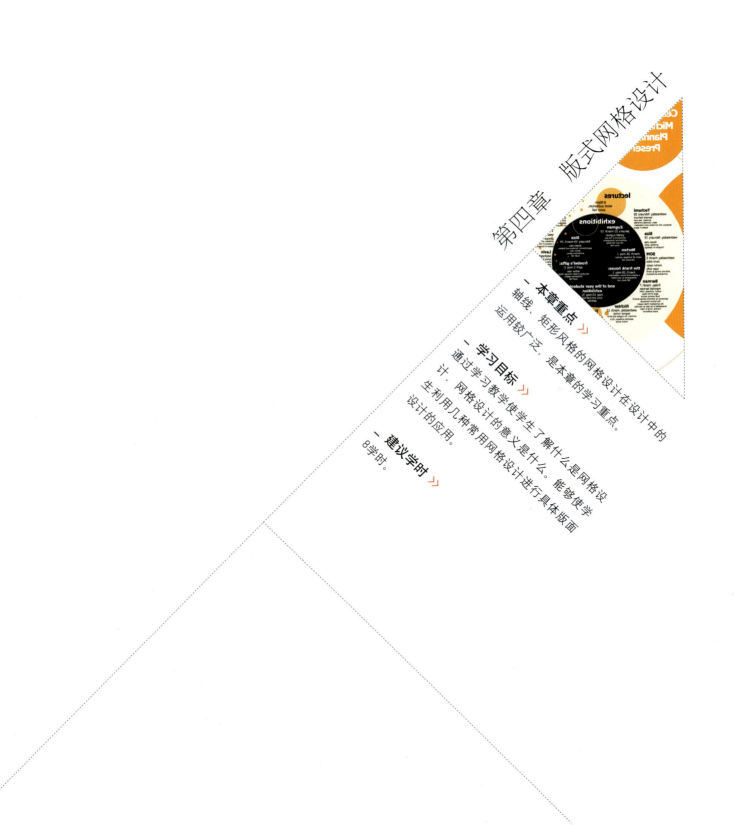

一 本章重点 》

矩形风格的网格设计在设计中的运用较广泛，是本章的学习重点。轴线、矩形风格的网格设计在设计中的运用较广泛。

一 学习目标 》

通过学习教学使学生了解什么是网格设计。网格设计的意义是什么。能够使学生利用几种常用网格设计进行具体版面设计的应用。

一 建议学时 》

8学时。

第四章　版式网格设计

　　版式网格是指版面设计中的骨架，是设计的辅助工具。我们将版面运用网格划分，网格作为一种参考线使我们对文字、图片等元素的安排有依据，有规则，形成结构严谨的视觉。需要注意的是网格线在版式中是隐藏的参考线，并非实体元素。

第一节 ///// 轴线

　　轴线指的是围绕线进行的排版，用线对版面进行骨架的设置是最简单的一种网格设计形式。通常情况下，用尽可能少的轴线进行框架安排，可以脉络比较清晰，一个版面如果划分多个轴线，会削弱轴线的框架结构，以致版面冗杂。轴线网格设计可分为：垂直轴线、倾斜轴线、折线、弧形轴线等。

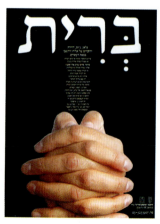

海报　　　　　　　海报　　　　　　　金毓婷 《1／4英里》 海报　　　雷又西 《联盟》 海报

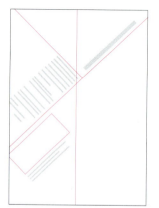

第二节 ///// 放射线

由一个焦点中心扩展、延伸的线的结构我们理解成放射线网格。在版式中，文字的排版线条、图形的形状，甚至抽象元素的趋势都是沿着一个中心点进行发散的。

设计中需要注意由于文字的排版方向不一定都是和水平线、垂直线平行的，阅读时会有难易程度的不同，所以要将重要的信息内容尽量排在易读的位置。放射线网格设计可以分为：直线放射、弧线放射、角度放射等。

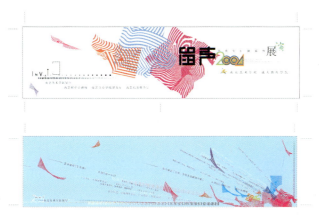

吴烨 《请柬》设计

海报

海报

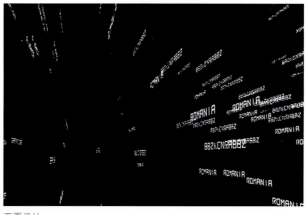

页面设计

第三节 ///// 膨胀

由一组同心圆的部分弧构成的结构线是膨胀网格特点。在这样的弧线上安排文字或图形，视觉上有膨胀的气球感觉。

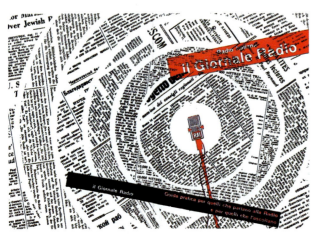

海报

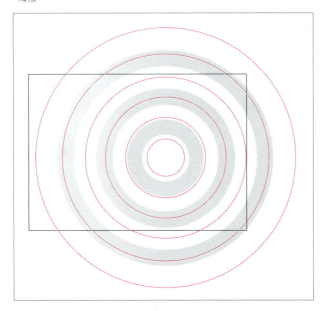

海报

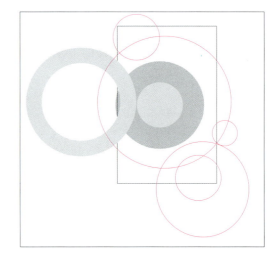

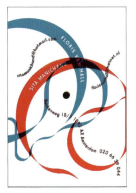
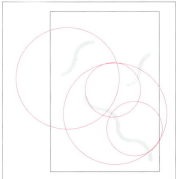

海报

页面设计

插画

页面设计

学生拼贴

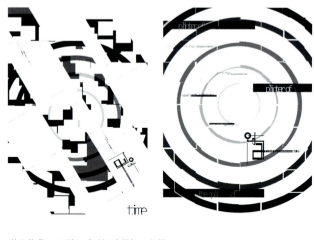

学生作品　王增　《时间碎想》　海报

页面设计

第四节 ///// 矩形分割

矩形分割是最经典的网格设计。在版面中，设计水平线和垂直线使它们交织形成分割，以此来组织、约束文字、图形，形成恰当比例的空白，使页面主次分明、经纬清晰、层次多样。由矩形构成的框架结构使版面空间得到严谨、理性的分配，形成了合理、统一的视觉。在书籍正文设计及报纸设计中广泛应用。

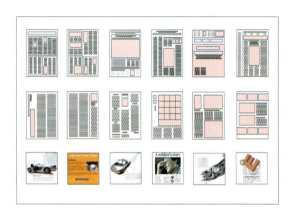

学生练习　矩形分割

学生练习　矩形分割

安尚秀　海报

安尚秀　海报

安尚秀　海报

[复习参考题]

◎　什么是版式网格？

◎　版式网格设计的意义是什么？

[实训案例]

◎　使用线分割进行版式网格设计。

要求：A4 页面。使用软件 Illustrator。分别设计放射线、膨胀各 4 个方案，矩形分割 6 个方案。

第五章 版式设计原理

本章重点
文字、图形、空白原理是本章的学习重点。

学习目标
通过对平面设计视觉的不同角度分析，使学生理解版面设计的基本原理宏观把握、设计表现及设计细节的联系。

建议学时
12学时。

第五章　版式设计原理

第一节 ///// 点、线、面原理

　　设计基础的构成原理中，点、线、面作为最基本的构成元素已经被我们重视了，在专业性更强的版式设计中，点、线、面构成原理依然是我们对页面效果控制的最理想工具。在版式设计中，点、线、面是以一种更加灵活的方式展现的。

　　点：一个文字、一个单词、一个字符、字的一个笔画……

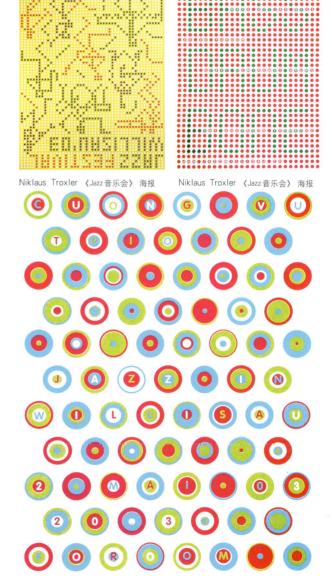

Niklaus Troxler 《Jazz音乐会》 海报

Niklaus Troxler 《Jazz音乐会》 海报

Niklaus Troxler 《Jazz音乐会》 海报

线: 一行字、一条装饰线、两栏文字的间隙空白……

学生作品　贾成会　海报

学生作品　贾成会　海报

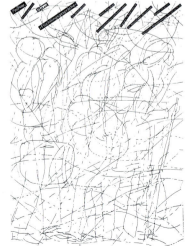

Niklaus Troxler 《Jazz音乐会》海报

海报

时澄　《南京印象》海报

面：一段文字、一张图片、一个色块、一块空白……

在大多数版式设计实践中，我们会使用点、线、面综合的方法进行设计。

页面设计

Niklaus Troxler《Jazz音乐会》海报

学生作品 何宝勇 页面设计

学生作品 何宝勇 页面设计

海报

海报

海报

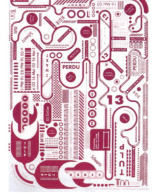

海报

第二节 ///// 黑、白、灰原理

素描要靠三大面、五大调子来实现光的微妙过渡，体现出强烈的层次感、立体感。版式设计的表达也应该是丰富多彩的，设计师应该对画面有一种去除色彩的能力。就像黑白相机一样，虽然不用色彩也能表达出色彩的感觉。

页面设计

页面设计

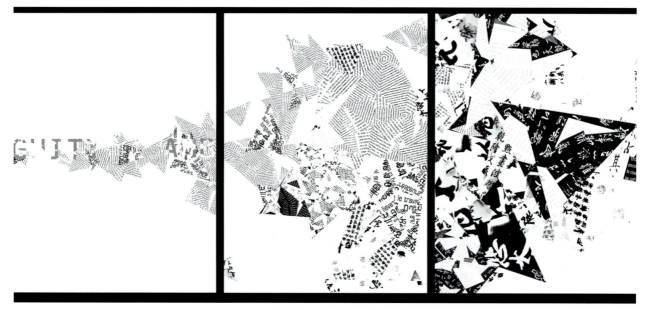

韩家英 《暧昧》

第三节 ///// 文字、图形、空白原理

版式设计是解决图形与图形、文字与文字、图形与文字、图文与空白之间秩序关系的设计。我们可以把复杂多变的版式设计概括成这一简单的行为标准——旨在处理文字、图形、空白的相互关系的安排。

一、文字排版

1.文字的识别性排版

对识别性文字排版的设计我们要考虑：字体、字号、字距、行距、分栏、文字的易读性等。要求做到内容传达的功能大于形式传达。不能因为过分追求形式的变化忽略读者阅读的便利性。

一般情况下同一个版面字体不应该使用过多，为了区别字功能上的差异又不能只使用一种，应该加以控制使用4种以内。如果一定要有更多的区别，可以采用同类字体来区别，如黑体、细黑、粗黑属于一类，宋体、中宋、粗宋属于一类。尽可能控制字体大的种类不要超过3种。标题文字、重点内容要用粗字体及大字号来强调。

字号的使用没有特别的规定，一般字典、手册等工具书为了容下大量的文字及便携性，字号相对较小，一般为5～7P。儿童启蒙用书一般为36P，小学一年级前字号都不应该小于18P，小学二年级至四年级一般用12～16P。9～11P对成年人阅读比较适合。报纸、杂志的字号多为7P。大量阅读小于8P的字，容易使视觉疲劳，12P以上的字每行排列的文字较少，造成换行频繁也容易造成阅读疲劳。

行距和字距要根据具体情况进行排版。一般行距必须大于字距，行距为正文字号的1/2～3/4。行距和字距会影响阅读的流畅性，如果字行比较长，行距就应该加大，否则容易阅读时窜行。行距和字距还对版面的利用率有着重要影响。

汉字横竖都可以排版，但是横版阅读效率更高，一般用于大量文字的排版。标题文字等内容量少的文字可采用竖排。体现中国传统色彩的内容可以使用竖排。英文、数理化公式、汉语拼音的排版应该遵循阅读习惯进行横排。

页面设计

页面设计

页面设计

安尚秀 页面设计

页面设计

安尚秀 页面设计

页面设计

学生作品　刘倩倩　页面设计　　　　学生作品　刘倩倩　页面设计

2.文字的装饰性排版

（1）文字组图：利用文字的排列形成图形效果。

视觉编排

视觉编排

视觉编排

海报　　　　　　　　　海报

（2）文字抽象表现：根据设计师对主题的感受进行感性的视觉传达，把文字作为视觉符号使用，文字基本失去本身的阅读性。可以把文字进行任意的拆分、放大、扭曲、变形、颠倒等设计。

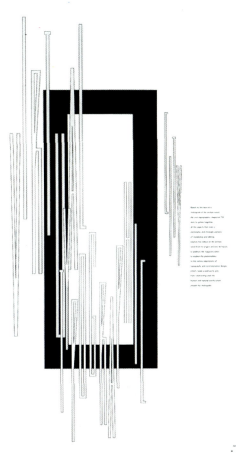

吴烨　舞台背景设计

安部俊安　页面设计

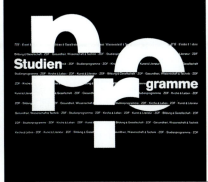

Christof Gassher　页面设计

（3）文字装饰化：一般对主题文字处理采用装饰化手法。文字保留可识别性的同时尽量增添与其含义相一致的美感。

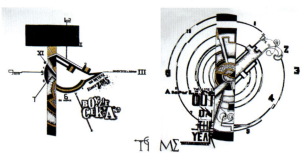

学生作品　饶嫒　《time》

白木彰　海报

学生作品　熊朝香　海报

二、图形排版

在进行排版设计之前要对图片进行加工处理。

裁切：根据要表达的主题进行裁切，做到保留明确的部分，去除影响主题的部分。

缩放：把图片放大或者缩小以突出重点。

扣图：去除背景，把所需要的图形扣出来，以利于灵活的排版，处理图形之间的关系。

修剪：改善构图，如去除不必要的东西，调整视觉焦点、空间、透视等。

调色：根据设计的要求进行有目的的色调调整，如单色调、双色调、黑白、冷暖、色相变化等。

1.图形组字：利用图形的排列形成文字效果。

页面设计

学生作品

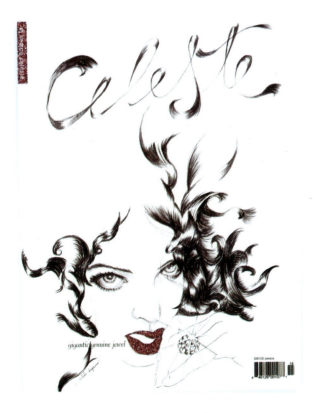

杂志封面

学生作品　陈敏

学生作品　陈敏

2.图形组图：利用图形的排列形成图形效果。

3.图形构成：利用网格框架或者自由形式进行构成的图图关系。

电影海报　　　　　　　　　卢毅　海报

学生作品

学生作品

页面设计

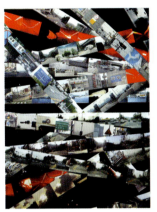

安尚秀　海报　　　　　　学生作品　王迪　海报

　　4.图形装饰：对主体图形进行装饰化表现的设计方式。

页面设计

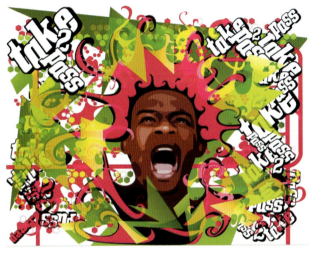

页面设计

芬达广告

三、图文混排

　　读者在进行阅读时，可以迅速地从图片得到抽象信息，又可以从文字得到准确信息。图片的传达速度要快于文字，可以更好地吸引视觉。但并非所有设计都是以图片为主，不同的设计媒介要传达的信息重点也不尽相同，即图文率有所不同。图文率指文字和图片在版面中所占面积的比率。

　　1.小说、文献、报纸等一般图片占10%以内。文字占大部分，显示了作品的理性、叙述性的特点。

2.企业样本、网页、说明书等一般图片超过30%。体现出一种自由、轻松、丰富的形式，图文并茂，视觉丰富，变化多样。

3.画册、招贴、杂志、包装等一般图片超过60%。图片的直观表现更加有利于视觉情感化的传达，不仅吸引眼球，还能在抓住读者视觉后，通过少量的文字加强对内容的解释。

页面设计

页面设计

海报

四、空白

文字、图形组成的正形以外的部分我们理解为空白。国画中有句话描述空白形式的，就是"计白当黑"，表明了白也就是空的地方和着墨一样都是国画整体的组成部分，如何利用空间中的留白是非常重要的，也是提升艺术性的途径。在版式设计中，空白的设计和正形的设计同等重要。空白的设计是为图文作铺垫的，只有通过空白的衬托，才能显得字图的闪耀。好的空白设计不仅要重视版面率，还要讲究字与图之间的空白，字行之间、单字之间、甚至笔画与笔画之间的空白关系，最终还要考虑图文组合后与版面的整体感觉。版面率指版面上所有文字和图形所占面积与整个版面面积之比。

页面设计

海报

金毓婷　《1/4英里》海报

页面设计　　　　　　　　　　　页面设计　　　　　　　　　　　页面设计

第四节 ///// 形式、内容原理

　　任何美好的视觉形式都要服从内容，否则都是毫无意义的。我们在接到一个设计任务时，首先要对其进行内容分析，是庄重的应用文，严谨的学术文献，幽默的故事，轻松的画报，还是活泼的前卫视觉等。然后进行形式语言的思考定位，选择恰当的传达形式。使形式和内容一致，就像人们在特定场合穿戴恰当的服饰一样，得体很重要。

包装设计

电影海报

[复习参考题]

◎ 如何理解版式设计中的点、线、面关系？

◎ 文字排版有哪些特点？

◎ 图形排版有哪些特点？

◎ 如何使用好版式设计中的空白？

[实训案例]

◎ 用26个英文字母进行文字组图练习。

◎ 为《版式设计与实训》（本书）的目录进行文字识别性排版。

　　要求：内容、尺寸同本书。文字排版具备可读性的同时具有美感，形式上能够体现本书的内容特点。具有目录的功能，方便使用。

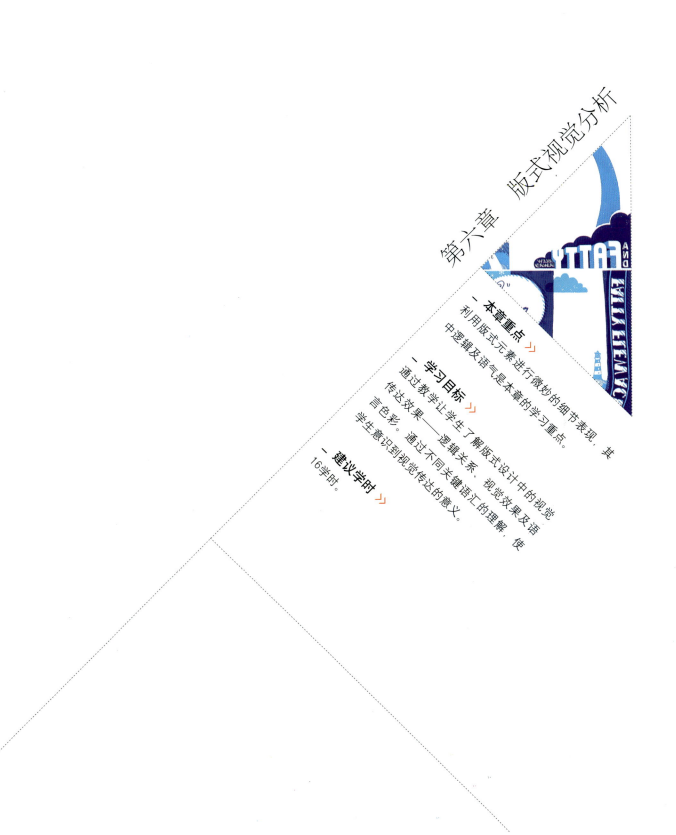

第六章 版式视觉分析

本章重点》

利用版式元素进行微妙的细节表现，其中逻辑及语气是本章的学习重点。

学习目标》

通过教学让学生了解版式设计中的视觉传达效果——逻辑关系、视觉效果及语言色彩。通过不同关键语汇的理解，使学生意识到视觉传达的意义。

建议学时》

16学时。

第六章　版式视觉分析

第一节 ///// 逻辑

版式设计是一种传达设计,要依靠读者的阅读传递信息。读者能够看懂设计是设计作品价值的体现。在版式设计中合乎逻辑的排版秩序,能够更加易读,提高传达效率。

一、分类组合

分类指使在某方面具有共同特征的形态聚集到一起。按照不同的分类标准可以得到不同的分类结果。通过分类,类别信息被重点提取出来。阅读变得更加具有条理,使读者可以用最快的时间找到想要得到的信息。例如一份体坛的报纸,我们会把国际和国内进行区别,把足球和篮球进行区别。

组合指由版式中的几个个体或部分结合形成整体。进行组合时,要注意组合元素之间是否存在同类关系、对应关系。

页面设计

学生作品　荆晔　页面设计

二、层级

层级指阅读时不同重要程度信息的区别。一般情况下有总分关系、里外关系、优先关系。合理的层级可以引导读者的阅读。例如我们在看一份报纸的时候总是先浏览大标题,在找到我们感兴趣的内容后,才仔细阅读正文。假若我们排版的时候把正文文字排得醒目,标题文字排得不起眼,那读者找寻信息将是十分困难的。

1.组合与次组合:在进行版式设计时,通过对内容的理解,可以将内容分成很明确的组合关系,而组合与组合之间又存在并列关系和上下级关系,必须在视觉中得到正确表现。

2.主角与配角:主角指一些重要、需要强调、引起关注的部分。需要进行重点表现,例如位置置前,文字加粗,色彩对比强烈,加强装饰效果等。配角应该处于一种铺垫地位,尽量表现得平淡一些。

三、尺度

尺度是指版式设计中视觉元素的大小、规模、功能相对人的标准。例如邮票、书籍、海报、户外广告相对

吴烨 《招生简章》 页面设计

四、视觉流程

视觉流程是指人们在阅读版式作品时，视觉的自然流动，先看什么，再看什么，在哪一点停顿，停顿多长时间。由于人的视野极为有限，不能同时感受所有的物象，必须按照一定的流动顺序进行运动，来感知外部环境。版式设计中，由于视觉兴趣作用力的区域优化，图形、文字的布局，信息强弱的方向诱导，形态动势的心理暗示等方面的影响而形成视觉运动的规律。将这一规律应用到设计目的上的行为就是视觉流程设计。人们视觉流动具有一些固定的生理规律。

1.眼睛有一种停留在版面左上角的倾向。原因是人们有从左向右、从上到下的阅读习惯。

2.眼睛总是顺时针看一张图片。

3.眼睛总是首先看图片上的人，然后是汽车、鸟儿等移动的物体，最后才注意到固定的物体。

人的阅读使用都有不同，合理的尺度安排才能被人正常阅读。

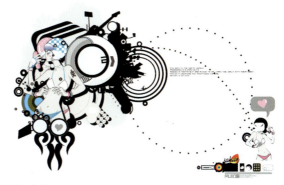

MUDC 海报

横版名片　16开书籍　　　标准海报

尺度比较

吴烨　招生简章　标题设计

在进行版式设计时,视觉的流程要符合人们认识的心理顺序和思维活动的逻辑顺序。版面构成要素的主次顺序应该和视觉流程一致。版式设计要在总体构想下突出重点,捕捉注意力时运用合理的视觉印象诱导,同时应该注意在视觉容量限度内保持一定强度的表现力,具备多层次、多角度的视觉效果。

五、传达一致性

传达一致性指题材、构成元素、构图、形式、追求主题的一致。

吴烨 海报

吴烨 书籍设计

第二节 ///// 效果

一、自然仿态

在版式形式中,把文字、图形的排列按照生物的自然规律进行表现叫做生物仿态。我们可以挖掘大自然中的美好形态,变成我们的排版秩序,这是一个用之不尽的形式资料库。

1.树木花草

植物的生长一般都有背地性,也就是都是根部向地心引力的方向发展,枝干向背离地心的方向发展。版面上下方向是和地心引力的方向一致的,我们要把框架的

大趋势向下发展,就像扎根一样。同时植物会尽可能地将枝条、树叶向上发展,以吸取阳光。版式中左右的排版就像是枝条的伸展。所以我们要理清版式中"主干"与"枝条"的关系。

树木的生长,具有很强烈的主从关系。树枝一定是长在主干上的,枝条一定是长在树枝上的,树叶一定是长在枝条上的……生活中人们常用树形图来表示逻辑关系,版式设计中我们会将形式像树形的发展一样不断地丰富下去。

2.生长

生长指在一定的生活条件下生物体体积和重量逐渐

学生作品　贾成会　《梅．兰．竹．菊》　海报

增加、由小到大的过程。视觉上一样可能具有生长感。通过读者的感受及想象，这种排版构成形态就像生物体一样具有活力，在下一刻就会继续增大。

海报　　　　　　　　　　　　　视觉艺术

3.飞溅

飞溅的液体具有自由、力量、大气、洒脱、不拘一格的气质，具有"点"的构成美感。

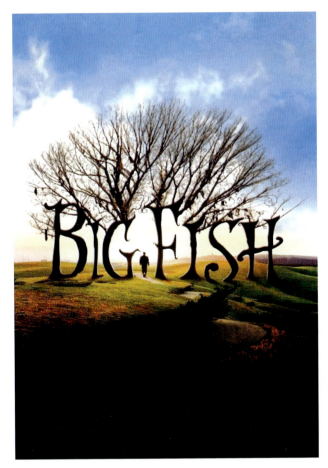

电影海报

学生作品　樊卫民　页面设计

4.流淌

流淌是液体的特性,不同的液体又具有不同的心理暗示。血液的流淌预示着伤亡、痛苦,涓涓细流的流淌预示着悠然自得、随遇而安。在具体设计中根据流淌的色彩、形状、速度、浓度等性质进行暗示液体的概念,进而渲染主题气氛。

视觉艺术

5.气泡

气泡原指液体内的一小团空气或气体。提到气泡我们会联想到香槟酒里的气泡直往上冒,想到鱼儿吐的气泡。对气泡的模仿具有趣味性、娱乐性。

学生作品　李令海　《26届大运会》海报

6.烟雾

原意指空气中的烟或者空气中的自然云雾。烟雾的效果具有轻浮上升感,随风运动。

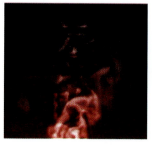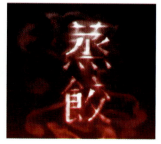

多媒体视觉　　　　　　　　多媒体视觉

7.裂损

裂损可以分成破裂和损毁两种形态。

(1)具有破裂玻璃线条自然扩散的放射状,以直线构成,长短参差不齐、断连不一的形态特点。

(2)任何完整物品的缺失都可以看做损毁,例如金属罐的变形、破裂,布匹的撕裂,飞机的残骸等。

这种模仿具有残缺、自然之美。

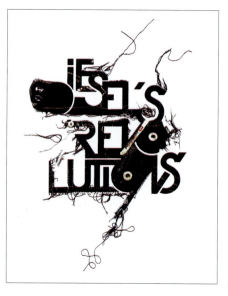

海报

8.痕迹

俗语"水过留痕，雁去留声，人过留名"，通过对痕迹的表现可以塑造丰富的形态。例如轮胎的压痕、刷子的痕迹、人的脚印、图章印记、毛笔笔迹等。

海报

9．拟人

拟人指把物拟作人，使其具有人的外表、个性或情感。我们可以在版式设计中，把文字、符号等抽象的形态进行拟人处理，使它们具有人类的情感、动作。

易达华　字体设计

二、物理模仿

1.力

通过设计表现使抽象的元素具有受力影响。

（1）重力。从呱呱坠地的婴儿到拔地而起的高楼大厦都挣脱不了地球的束缚。人们与生俱来对这种力量的适应，成为人们对万物的本能理解，哪怕是抽象的不具有质量的文字、图形，也一样受重力的影响。

（2）浮力。物理学中的解释是液体和气体对浸在其中的物体有竖直向上的托力。浮力的方向竖直向上。人类的生活经验对浮力直观的认识是漂浮的气球、轮船，判断浮力的作用是通过被测物的密度感觉、体积感觉来实现的。

（3）万有引力。万有引力是由于物体具有质量而在物体之间产生的一种相互作用。它的大小和物体的质量以及两个物体之间的距离有关。物体的质量越大，它们之间的万有引力就越大；物体之间的距离越远，它们之间的万有引力就越小。在版式设计中，大的形态总能更强烈地吸引小的形态，同时我们也会发现两个大小近似的形态当距离安排较近时，会产生一种排斥的力。

（4）弹力。物体在力的作用下发生的形状或体积改变叫做形变。在外力停止作用后，能够恢复原状的形变叫做弹性形变。发生弹性形变的物体，会对跟它接触的物体产生力的作用，这种力叫弹力。

（5）摩擦力。两个互相接触的物体，当它们发生相对运动或有相对运动趋势时，在两物体的接触面之间有阻碍它们相对运动的作用力，这个力叫摩擦力。物体之间产生摩擦力必须要具备以下四个条件：第一，两物体相互接触。第二，两物体相互挤压，发生形变，有弹力。第三，两物体发生相对运动或相对运动趋势。第四，两物体间接触面粗糙。四个条件缺一不可。有弹力的地方不一定有摩擦力，但有摩擦力的地方一定有弹力。摩擦力是一种接触力，还是一种被动力。

吴烨　页面设计

视觉小品

（6）反作用力。力的作用是相互的。两个物体之间的作用力与反作用力，总是同时出现，并且大小相等，方向相反，沿着同一条直线分别作用在此二物体上。

2.速度

速度是描述物体运动快慢的物理量。这里对速度的模仿使抽象的字、图具有动感。

学生作品　屈牧　页面设计

3.轨迹

一个点在空间移动，它所通过的全部路径叫做这个点的轨迹。通过轨迹效果的表现可以在平面中制作出记录时间变化的效果。

海报

安尚秀　海报

4.光效

物体发光以及光的反射、折射效果我们这里统称光效。

海报　　　　　　　　　海报

5.溶解

溶解指一种物质（溶质）分散于另一种物质（溶剂）中成为溶液的过程。

多媒体视觉

6.融化、熔化

融化、熔化通俗的理解是固体变为液体。例如冰在常温下自然融化，钢材在加热条件下熔化成液体等。

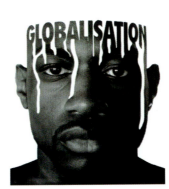

海报　　　　　　　　　海报

7.磁性

能吸引铁、钴、镍等物质的性质称为磁性。磁铁两端磁性强的区域称为磁极，一端称为北极（N极），一端称为南极（S极）。同性磁极相互排斥，异性磁极相互吸引。

海报

8.气流

流动的空气称为气流。我们在进行阅读时感觉到气息的流动，有时候是细水长流，有时候是气势磅礴，有时候是坑坑洼洼。版面的气息流动形成了其特有的生命力。

海报 "锈蚀仿效"

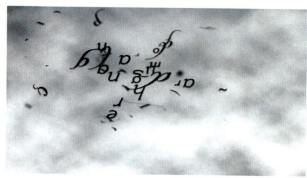

多媒体视觉

三、 化学仿效

1.锈蚀

锈蚀是空气中的氧、水蒸气及其他有害气体等作用于金属表面引起电化学作用的结果。

2.爆炸

爆炸可视为气体或蒸汽在瞬间剧烈膨胀的现象。爆炸的视觉效果具有强烈的刺激性，可以起到吸引注意的作用。

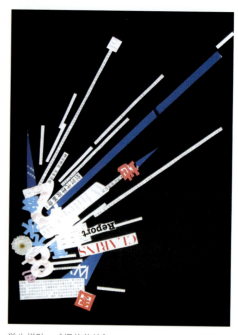

学生拼贴 "爆炸仿效"

3. 燃烧

可燃物跟空气中的氧气发生的一种发光发热的剧烈的氧化反应叫做燃烧。燃烧的模仿必须要体现相应的光、色效果及发热感。

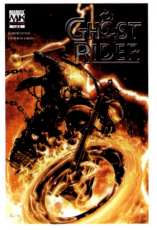

电影海报　　　　　　金毓婷　页面设计

四、层次

层次指版式设计中页面的纵深感。通过不同叠加方式体现出丰富的纵深感觉。可以通过透明度、图层叠加等方式来实现其效果。

金毓婷　《1/4英里》　海报　　　石澄　《南京印象》　海报

五、肌理

肌理指形态表面诉诸视觉或触觉的组织构造。肌理，英文texture源于拉丁语textura，有"编织"或"织物的特征"的意思。主要包括三个方面：物质结构的纹理，元素由排列所呈现的纹理，物体受外力作用生成的痕迹所呈现的纹理。光滑的肌理给人干净、润滑、贴心的感受。粗糙的肌理给人质朴、稳重的感受。疏松的肌理给人自然的、朴实的感受。密集的肌理给人坚固的、科技的感觉。裂纹肌理给人粗犷、奔放的感受。

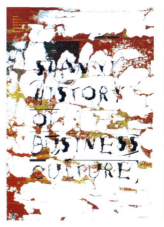

韩湛宁　普高大院　海报

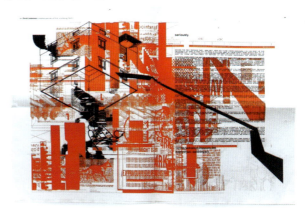

页面设计

六、 手写体、涂鸦

手写体具有真切感，能和特定的事件紧密相连，比正规的印刷字富有想象空间，具有现场意境。涂鸦更能够体现强烈的个人情感。手写体及涂鸦都是自由、随意的设计，能够给版式带来生机。

页面设计

第三节 ///// 语气

一、理性评估

多用于严肃的陈述、正规的应用文排版。在字里行间能够受到"道理"及"信服感"。

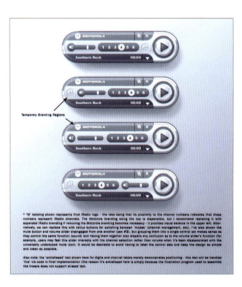

平面广告

二、欢快

用于轻松、愉悦的排版内容，使读者能够体会到设计师要表达的兴奋之情。

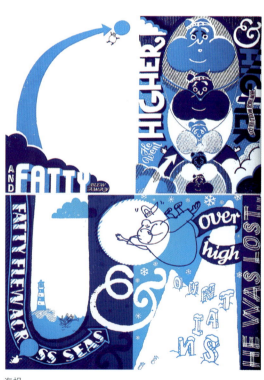

海报

三、调侃

幽默、诙谐、玩笑式的表达方式。

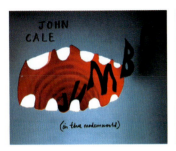

页面设计

海报

页面设计

四、游戏

具有娱乐性及互动性的设计。

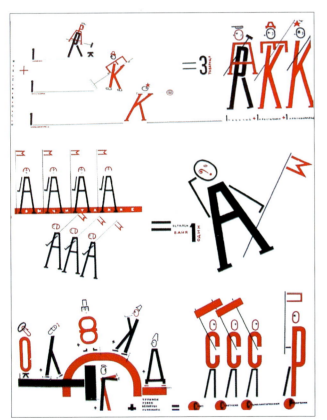

页面设计

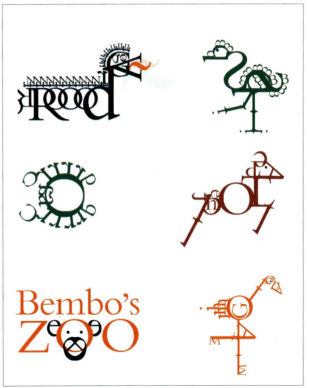

编排视觉

五、怀旧

怀旧是一种情绪，旧物、故人、老家和逝去的岁月都是怀旧最通用的题材。

页面设计

六、惊叹

对异乎寻常的事物吃惊、感叹，是人们一种较强烈的情感反应。

学生作品
孙海艳 《折子戏》

学生作品 孙海艳 《折子戏》

[复习参考题]

◎ 什么是版式设计中的视觉流程？

◎ 什么是版式设计中的层次？

◎ 手写体、涂鸦的效果表现具有怎样的特点？

[实训案例]

◎ 运用文字排版分别制作出生长、拟人、磁性的视觉效果。文字内容不限，电脑制作，尺寸A4。

◎ 尝试手写体、涂鸦的效果表现，手绘表现，纸张不限制，尺寸8开。

第七章　版式设计实训

本章重点 》
本章节的重点在各个实训项目的案例分析讲解及学生的实际灵活运用。

学习目标 》
通过不同的实训案例的分析及训练，使学生将掌握的版式设计方法运动到实际中。训练学生在实际操作中遇到问题并解决问题的能力。

建议学时 》
24学时。

第七章　版式设计实训

第一节 ////// VI中的文字组合

VI即Visual Identity，通译为视觉识别系统，是CIS（Corporate Identity System）中最具传播力和感染力的部分。是将CI（Corporate Identity）的非可视内容转化为静态的视觉识别符号，以丰富的多样的应用形式，在广泛的层面上进行最直接的传播。VI是以标志、标准字、标准色为核心进行展开的完整系统的视觉表达体系。标志中的文字组合及文字排版决定了视觉风格取向，是CI的精髓体现。公司可以通过其在不同媒介上的展示来树立自身的形象。

2012　奥运会VI

石澄　房地产VI

圣家堂视觉摄影 logo

曼联 logo

学生作品　名片设计　何烨

学生作品　名片设计　何烨

学生作品　名片设计　方竹珺

第二节 ///// 报纸版式

报纸是以刊载新闻和时事评论为主的定期向公众发行的印刷出版物。采用新闻纸印刷，具有轻便、便宜的特点。

报纸纸张尺寸分为全张型与半张型，全张型报纸的版心约为350～500mm，一般采用8栏、每栏宽约40mm，字号为10p，或采用国际上通用的5～7栏。

报纸版面通过矩形网格进行分栏处理。在进行报纸排版时，以自左向右的对角线为基准安排重要文章，其他位置排列次要信息。中国报纸的栏序一般左优于右，上优于下。报纸的底边也是个特殊视觉区域，应该得到重视。随着印刷与制版技术的发展，人们审美的水平提高，报纸版面设计更加趋于杂志化排版，标题醒目，视觉冲击力强，彩色印刷代替黑白印刷，版面更加自由、时尚、新颖、生动。

报纸页面

相对报纸版面千变万化的排版，报头是不变的。报头是指报纸第一版上方报名的地方，一般在左上角，也有的放顶上边的中间。报头上最主要的是报名，一般由名人书法题写，也有的作特别字体设计。报头下面常常用小字注明编辑出版部门、出版登记号、总期号、出版日期等。

报纸广告具有发行量大、宣传广、快速、经济的特点。报纸广告一般分为报眼、整版、半版、1/4 版、通栏、半通、双通等多种规格。报纸广告排版既要符合平面广告设计传达，又要符合报纸媒介特点。

报纸页面

第三节 ///// 杂志版式

杂志版式丰富多彩，是最具创意和前卫的版式设计载体。

杂志内文排版形式多以网格为主，穿插自由版面设计。杂志封面必须有名称和期号，有类似广告宣传功能的内文摘要及主要目录以便读者在购买时辨认。封面的设计在统一中寻求变化，每期保留固定视觉识别，又以新颖的方式展示新内容。为节省成本，杂志一般不专门设置扉页、版权页等，而是将它们与目录合到一起。其版面设计一般由专栏名、篇名、作者、页码，刊号、期号、出版单位、年月、编委等组成。

《Surface》
杂志封面

《Ceci》杂志封面　　　　　　《Ceci》杂志封面　　　　　　《Ceci》杂志封面

《Vision》杂志封面　　　　　　　　　　　《Vision》目录　　　　　　《Vision》页内

《新潮流》封面　　　　　　《新潮流》目录　　　　　　《Vision》内页　　　　　　《Vision》内页

第四节 ///// 平面广告版式

　　平面广告版面设计一般由两部分组成：主题创意和编排形式。主题创意的表现是根据广告媒体的传播特点，运用画面、文字、语言等多种表现因素，通过设计把广告主题和创意，具体、准确、完整及生动地体现出来的过程。图形、文字、色彩是平面广告的构成要素，图形占视觉传达的大部分。文字由两个方面构成，即文案设计与字体设计。在平面广告版式设计中，图形和文字要密切配合，才会事半功倍。通过文字排版，将产品名称、标题、广告语、说明文、企业名称、地址、电话等商品信息直接传达给消费者。

时澄　海报

白木彰　海报

杂志内页广告

第五节 ///// 书籍版式

书籍是将二维纸张装订后变成三维阅读载体的设计。书籍版式设计中要解决好以下问题：

1. 书籍版面的开本大小及阅读条件。

2. 书籍版面间的延续性，对比协调关系等。看书行为不是单幅版面的阅读，而是伴随读者互动、时间延续的阅读行为。

3. 如何清晰明了地把书籍内容展示给读者。

书籍的开本也是一种语言。作为最外在的形式，开本仿佛是一本书对读者传达的第一句话。好的设计带给人良好的第一印象，而且还能体现出这本书的实用目的和艺术个性。比如，小开本可能表现了设计者对读者衣袋书包空间的体贴，大开本也许又能为读者的藏籍和礼品增添几分高雅和气派。美编们的匠心不仅体现了书的个性，而且在不知不觉中引导着读者审美观念的多元化发展。但是，万变不离其宗，"适应读者的需要"始终应是开本设计最重要的原则。决定书籍开本的4个因素：①纸张的大小；②书籍的不同性质与内容；③原稿的篇幅；④读者对象。

开本是指一本书幅面的大小，是以整张纸裁开的张数作标准来表明书的幅面大小的。把一整张纸切成幅面相等的16小页，叫16开，切成32小页叫32开，其余类推。由于整张原纸的规格有不同规格，所以，切成的小页大小也不同。把787mm×1092mm的纸张切成的16张小页叫小16开，或16开。把850mm×1168mm的纸张切成的16张小页叫大16开。其余类推。

确定开本后，要确定书的版心大小与位置。版心也叫版口，指书籍翻开后两页成对的双页上被印刷的面积。版心上面的空白叫上白边，下面的空白叫下白边。靠近书口和订口的空白分别叫外白边、内白边。白边的作用有助于阅读，避免版面紊乱；有利于稳定视线；有利于翻页。

版心是根据不同的书籍具体设计的，但是有很多设计师力求总结出最完美的版心比例关系。凡·德格拉夫提出德格拉夫定律（如图），可适用于任意高宽的纸张，最终得到内外白边比为1：2。

德国书籍设计家让·契克尔德提出2：3的开本比例，即版心高度与开本宽度相同，称为"页面结构的黄金定律"（如图），他把对角线和圆形的组合把页面划分为9×9的网格，最后得到文字块的高度a和页面的宽度b（图中的圆形直径）相等，并且与留白的比例正好是2：3：4：6。

随着设计的发展，书籍的版心设计更加科学、灵活、自由。

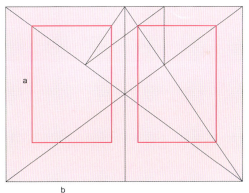

德格拉夫定律

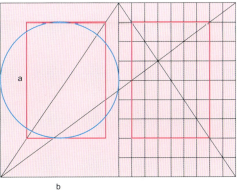

让·契克尔德页面结构黄金定律

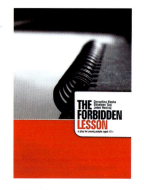

书籍设计　　　　　　　　封面设计　　　　　　　　吴烨　目录设计

第六节 ///// 折页及卡片版式

　　折页、卡片等宣传品俗称小广告。根据销售季节或促销时段，针对展会、洽谈会、促销活动对消费者进行分发、赠送或邮寄，以达到宣传目的。折页、卡片的版面自成体系、丰富多彩，不受纸张、开本、大小、折叠方式、色彩、工艺的限制，是设计师展示良好视觉的舞台。最常见的折叠方式是对折页和三折页。

16k　285x210　(889x1194)

吴烨　招生简章设计

金毓婷　植树节活动卡片

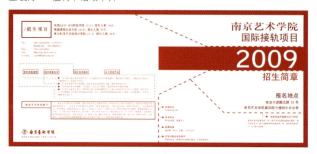

吴烨　招生简章设计

吴烨　招生简章设计

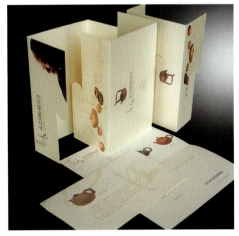

时澄　折页设计

第七节 ///// 包装版式

　　包装设计需要清晰地传达信息，并且需要迎合市场口味来给产品定一个视觉化的形象。由于包装是立体形态，包装的版面设计需要在特定的面上进行排版，需要考虑最佳展示面的视觉效果，非主要展示面安排次要信息。包装材料及形态各异，可以进行更加灵活、巧妙的设计构思。包装版式具有广告作用，一般情况下包含以下内容：

伏特加　包装设计

SHAPY　包装设计

酒类包装设计

1.文字信息：商品名称、用途、成分、质量、使用说明、注意事项、广告语、企业名称、联系方式、生产日期、运输储存说明、各类许可证等。

2.图形信息：企业形象、创意图形、装饰效果等。

学生作品 吴询 标签设计　　　　饮料包装设计　　　　RENEE VOLTAIRE 包装设计

第八节 ///// 网页、电子杂志及GUI界面版式

网页、电子杂志及GUI界面都具有互动性及多媒体性的特点。这类版式设计我们不仅要考虑页面的美观还应该考虑动画效果、声音效果及游戏性。由于它们都是以屏幕作为媒介的，必须考虑色彩区域及分辨率特点。GUI界面版面设计操作性是第一位的，要考虑功能按钮的设计一目了然，具有明确的功能指代性。电子杂志兼具杂志和多媒体的性质，版面设计时可以进行杂志版面模仿的同时加强多媒体互动。

Sunx Zhang GUI 设计

季熙 GUI 设计

CG 电子杂志设计

网页设计

第九节 ///// CD 及 DVD 盘面版式

　　CD 及 DVD 盘面版式属于在特定尺寸、形状下的排版。我们需要考虑在特形下编排的巧妙性，例如圆形路径的文字排版，中心放射状排版等。

光盘包装

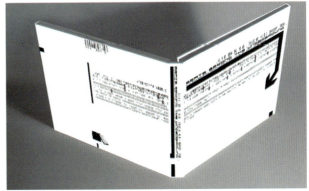

光盘包装

盘面设计

盘面设计

盘面设计

第十节 ///// 释解版式

释解版式是一种说明性较强的实用排版。当传递相同的信息时，单纯的文字表达方式与夹杂视觉要素的表达方式，会给读者带来不同的印象。单纯的文字表现，读者理解较慢，而视觉化的处理使内容变得容易把握。为了使数据变得易懂，可以将其转化成插图或者图表。在制作地图说明位置时，不需要将现实中的每个街道细节都表现出来，那样反而使读者不易分辨。根据地图本身的主题进行设计，进行信息的提炼、概括，如果地图上标的太多多余信息，主题反而会不明确。

释解版式

释解版式

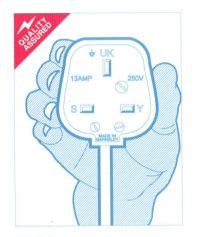

释解版式

释解版式

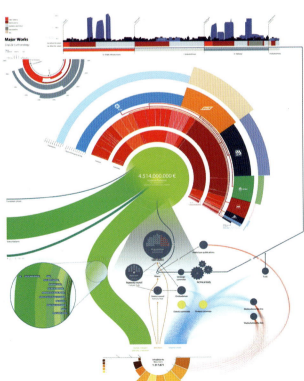

释解版式

[复习参考题]

◎　思考在具体实训课题中排版的尺度，即如何安排好文字图片的实际大小，以满足读者在成品中对版式的阅读？

◎　什么是释解版式？构思如何为一房地产经销商设计表示楼盘地理位置的地图？

[实训案例]

◎　本阶段是综合实训阶段，每节的内容都是实训点，由任课教师根据实际情况安排。

参考书目 >>

《文字设计概论》 湖南大学工业设计系、浙江大学 网络教程

《平面媒体广告创意设计》金墨 编 广告传媒设计人丛书 （第一章 第一节部分摘录）

《艺术与视知觉》[美]鲁道夫·阿恩海姆 著 腾守尧 朱疆源 译 四川人民出版社 2001年3月

《建筑空间组合论》彭一刚 著 中国建筑工业出版社

《设计艺术美学》 章国利 著 山东教育出版社

《视觉传达设计原理》 曹方 主编 江苏美术出版社 2006年8月

《编排》蔡顺兴 编著 东南大学出版社 2006年

《美国编排设计教程》[美]金泊利·伊拉姆 著 上海人民美术出版社 2009年

《版式设计原理》[日]佐佐木刚士 著 中国青年出版社 2008年

《版式设计》[英]加文·安布罗斯 保罗·哈里斯 编著 中国青年出版社 2008年

《ONEDOTZERO MOTION BLUR》 外文图书

《THE LAST MAGAZINE》BY David Renard外文图书

《SWEDISH GRAPHIC DESIGN 2》外文图书

《AIKLAUS TROXLER》外文图书

《USE AS ONE LIKES—GRAPHIC》外文图书

《MUSA BOOK》外文图书

《TASCHEN´S1000 FAVORITE WEBSITES》外文图书

《YOUNG EUROPEAN GRAPHIC DESIGNERS》外文图书

《2007/2008 BRITISH DESIGN》外文图书

《WORLD DESIGN ANNUAL 2005》外文图书

《PHAIDON》外文图书

《TYPE IN MOTION 2》外文图书

《安尚秀》外文图书

《图像处理网》http://www.psfeng.cn/